高等职业教育"十二五"规划教材

单片机技术应用实训

主 编 李晓艳
副主编 董艳艳 陈晓宝 刘丽娜
参 编 唐国锋 任利华 郭三华 侯立芬

机械工业出版社

本书作为单片机课程的配套使用实验教材，以浙江求是科教设备有限公司的 QSWD-PBD3 型单片机综合实验装置为典型设备，以 Keil Software 软件公司的 Keil μVision2 集成开发环境为软件平台，着重介绍了有关 51 单片机的实验原理和应用实验，对应设计了 4 个软件实训、13 个硬件实训和 8 个综合实训。

本书可作为高职高专相关专业师生及自学者的教科书，也可供电子技术、计算机应用方面的工程技术人员阅读、参考。

为方便教学，本书配有免费电子课件、巩固与拓展练习答案等，凡选用本书作为授课教材的学校，均可来电（010-88379564）或邮件（cmpqu@163. com）索取。有任何技术问题也可通过以上方式联系。

图书在版编目（CIP）数据

单片机技术应用实训/李晓艳主编. —北京：机械工业出版社，2011. 10

高等职业教育"十二五"规划教材

ISBN 978-7-111-36027-8

Ⅰ. ①单…　Ⅱ. ①李…　Ⅲ. ①单片微型计算机 – 高等职业教育 – 教材　Ⅳ. ①TP368. 1

中国版本图书馆 CIP 数据核字（2011）第 200908 号

机械工业出版社（北京市百万庄大街22 号　邮政编码 100037）

策划编辑：曲世海　责任编辑：曲世海　王　琪

版式设计：霍永明　责任校对：常天培

封面设计：赵颖喆　责任印制：乔　宇

北京铭成印刷有限公司印刷

2011 年 11 月第 1 版第 1 次印刷

184mm×260mm　·10. 75 印张·264 千字

0001—3000 册

标准书号：ISBN 978-7-111-36027-8

定价：22. 00 元

前　言

　　单片机是 20 世纪 70 年代中期发展起来的一种将 CPU、RAM、ROM、I/O 接口和中断系统集成于一块硅片上的大规模集成电路芯片，又称为微控制器。单片机的开发应用已经成为高科技领域的一项重要技术。"单片机原理及应用"是电子信息、通信类专业的核心专业课程之一，也是各职业院校电子信息、通信类专业的必开课程。学生应通过学习、熟悉单片机应用系统的设计与调试，掌握单片机在工业、经济和日常生活中的应用，为将来踏上工作岗位后进行电子产品的设计、生产、检测和维护奠定坚实的基础。

　　本书根据单片机教学大纲编写，符合高职高专应用型人才培养目标，是单片机学习的辅助教材。

　　本书共分为 5 章，第 1 章做总体介绍，介绍单片机的总体情况、Keil μVision2 集成开发环境、QSWD-PBD3 型单片机综合实验装置、TKS-52B 型仿真器和汇编语言等。第 2 章根据 4 种汇编程序结构设计了 4 个软件实训项目。第 3 章、第 4 章根据各部分硬件特点设计了 13 个硬件实训项目。第 5 章设计了 8 个综合实训项目，每个实训项目包括实验目的、实验内容与原理、实验仪器与器件、实验步骤、参考程序和实验报告 6 部分。每个实验之前都有相关知识介绍，并设计了巩固与拓展练习，帮助学生进一步巩固实验知识，学会应用。

　　本书在编写过程中，参考了企业专家和工程师的建议，针对现代企业选用人才的特点，培养学生在掌握必需、够用的基础知识的前提下，具备较强的技术应用能力。本书既可作为高职高专相关专业单片机课程的实验辅导书，也可作为各类工程技术人员和单片机爱好者的参考书。

　　本书由李晓艳担任主编，董艳艳、陈晓宝和刘丽娜担任副主编。李晓艳统筹策划全书并编写了第 2 章和第 3 章，陈晓宝和李晓艳共同编写了第 1 章，董艳艳和李晓艳共同编写了第 4 章，刘丽娜和李晓艳共同编写了第 5 章，参加编写的还有唐国锋、任利华、郭三华、侯立芬。

　　在本书编写过程中，许多企业的工程师和学校的老师提出了宝贵的意见和建议，在此表示衷心感谢。同时编者也参考了很多的文献资料，在此向各位文献资料作者表示感谢。

　　鉴于编者水平有限，书中难免有不妥之处，敬请使用本书的教师同仁和同学们批评指正。

编　者

目　　录

第1章 单片机实验基础知识

单片机是把微型计算机中的微处理器、存储器、I/O 接口（简称 I/O 口）、定时器/计数器、串行接口（简称串口）、中断系统等集成在一块集成电路芯片上形成的微型计算机，因而被称为单片微型计算机，简称为单片机。对单片机的学习需要理论和实践相结合，在学习单片机基本结构、工作原理的基础上，动手设计电路，并编写相应程序控制电路实现功能，以加深对理论知识的理解。

1.1 单片机基础知识

1.1.1 单片机概述

1. 单片机的特点

1）种类多、型号全。很多单片机厂家有针对性地推出了一系列产品，使系统开发工程师有很大的选择余地。大部分产品有较好的兼容性，保证了已开发产品能顺利移植，较容易地使产品进行升级换代。

2）提高性能、扩大容量、性能价格比高。目前，单片机集成度已经达到 300 万个晶体管以上，总线速度达到数十微秒到几百纳秒，指令执行周期已经达到几微秒到数十纳秒，以往的片外 RAM 现已在物理上存入片内，ROM 容量已经扩充达 32KB、64KB、128KB，以至更大的空间，价格从几百到几元不等。

3）增加控制功能，向真正意义上的"单片"机发展。单片机把原本是外围接口芯片的功能集成到一块芯片内，在一片芯片中构造了一个完整的功能强大的微处理应用系统。

4）低功耗。现在新型单片机的功耗越来越小，供电电压从 5V 降低到了 3.2V，甚至 1V，工作电流从毫安级降到微安级，工作频率从十几赫兹到几十千赫兹。特别是很多单片机都设置了多种工作方式，这些工作方式包括等待、暂停、睡眠、空闲、节电等。

总体来说，单片机具有集成度高、体积小、功耗低、成本低廉、控制能力强、速度快、抗干扰能力强、易开发等优点，使得单片机以非常快的速度发展起来，并广泛地运用在各个领域。

2. 单片机的应用

（1）单片机在智能仪器仪表中的应用 单片机用于各种仪器仪表的硬件结构，可以减小体积、提高其性价比，典型应用有温度智能控制仪表、医用仪表、汽车电子设备、数字示波器等。

例如，在普通模拟示波器的基础上用单片机进行改造而成的数字存储示波器，克服了普通模拟示波器的缺点，并增加了许多功能，如可以显示大量的预触发信息，可以长期存储波形，可以在打印机或绘图仪上制作硬拷贝以供编制文件使用，可以将采集的波形和由操作人员手工或示波器全自动采集的参考波形进行比较，波形信息可用数字方法进行处理。

（2）单片机在工业测控中的应用　机电一体化是机械工业发展的方向。机电一体化产品是指集机械技术、微电子技术、计算机技术于一体，具有智能化特征的机电产品，如微机控制的车床、钻床等。单片机作为产品中的控制器，能充分发挥它体积小、可靠性高、功能强等优点，可大大提高机器的自动化、智能化程度。

单片机广泛用于导弹的导航装置、飞机上各种仪表的控制、计算机的网络通信与数据传输、机器人、工业自动化过程的实时控制和数据处理。在这些实时控制系统中，都可以用单片机作为控制器，单片机的实时数据处理能力和控制功能，可使系统保持在最佳工作状态，提高系统的工作效率和产品质量。

在比较复杂的系统中，常采用分布式多机系统。多机系统一般由若干台功能各异的单片机组成，各自完成特定的任务，它们通过串行通信相互联系、协调工作。单片机在这种系统中往往作为一个终端机，安装在系统的某些节点上，对现场信息进行实时测量和控制。单片机的高可靠性和强抗干扰能力，使它可以在环境恶劣的前端工作。

（3）单片机在计算机网络与通信技术中的应用　单片机与通信技术相结合促使通信设备的智能控制水平大大提高，广泛应用于通信的各个领域，如调制解调器、传真机、复印机、打印机、移动电话机、固定电话等。

例如，传统的电话机只能实现简单的拨号、响铃、通话等功能，使用单片机后，可以开发出来电显示、存储电话号码、时钟显示、免提、重拨、声控等功能。功能更多的无绳电话机、录音电话机、可视电话机等多功能电话机也已经走进人们的生活。

（4）单片机在日常生活及家用电器中的应用　传统的家电配上单片机以后，提高了智能化程度，增加了功能，备受人们喜爱，典型应用有洗衣机、电冰箱、电子玩具、收录机、微波炉、电视机、录像机、音响设备、程控玩具、洗衣机等。单片机使人类生活更加方便、舒适、丰富多彩。

例如，单片机控制的全自动洗衣机集洗涤、脱水于一体，能自动完成洗衣全过程，并有多种洗涤程序供用户自由选择，能任意调节工作时间，能显示工作状态、洗涤时间和脱水时间，能自动处理脱水不平衡的故障，具有各种故障和高低电压自动保护功能，工作结束或电源故障会自动断电以确保安全。目前，有的全自动洗衣机还采用了模糊技术，即洗衣机能对传感器提供的信息进行逻辑推理，自动判断衣服质地、重量、脏污程度，从而自动选择最佳的洗涤时间、进水量、漂洗次数、脱水时间，并显示洗涤剂的用量，达到整个洗涤过程自动化，使用方便，节约用水。

3. 单片机的发展

（1）单片机的发展历史　单片机技术发展十分迅速，整个单片机技术发展过程可以分为以下5个主要阶段：

第一阶段（1974～1975年）——初始阶段，以4位单片机为主，功能比较简单，如1974年美国Fairchild公司生产的第一台单片机F8，采用双片形式，功能简单。

第二阶段（1976～1978年）——探索阶段，单芯片形式，低档8位单片机，如1976年美国Intel公司生产的MCS-48系列单片机，这是第一台完全的8位单片机。MCS-48的推出是在工控领域的探索，此后，各种8位单片机纷纷应运而生。

第三阶段（1979～1982年）——完善阶段，提高了电路的集成度，增加了8位单片机的功能，如Intel公司在MCS-48基础上推出了完善的高档8位单片机（MCS-51系列）。

第四阶段(1983～1990 年)——巩固和发展阶段，巩固发展了 8 位单片机，推出了 16 位单片机，向微控制器发展，强化了智能控制器的特征，如将 ADC、DAC、PWM、WDT、DMA 集成到单片机。

第五阶段(1991 至今)——全面发展阶段，出现了适合不同领域要求的单片机，如各种高速、大存储容量、强运算能力的 8 位/16 位/32 位通用型单片机，还有用于单一领域的廉价的专用型单片机。

(2) 单片机的发展趋势　单片机的发展趋势如下：

CMOS 化——单片机将具有更低的功耗，由更低的电压驱动。

高性能化——精简指令集结构和流水线技术将得到广泛应用。

高可靠性——提高单片机的抗电磁干扰能力。

大容量化——扩大片内存储器容量。

多功能化——把众多的各种外围功能器件集成在片内，如模-数转换器(A-D 转换器)、数-模转换器(D-A 转换器)、液晶显示驱动器等。

串行扩展技术——SPI、I^2C、Microwire、1-Wire 等串行总线的引入，可以使单片机的引脚设计得更少，单片机系统结构更加简化。

1.1.2　89S51 单片机介绍

1. 51 系列单片机概况

MCS-51 系列单片机是美国 Intel 公司于 1980 年推出的产品，典型产品有 8031、8051 和 8751 等通用产品。8031 内部没有程序存储器，实际使用方面已经被市场淘汰；8051 采用 HMOS 工艺，功耗是 630mW，是早期最典型的单片机代表。由于 MCS-51 系列单片机影响极深远，许多公司都推出了兼容系列单片机，就是说 MCS-51 内核实际上已经满足一个 8 位单片机的标准，其在实际使用方面也已经被市场淘汰。

其他公司的 51 系列单片机产品都是和 MCS-51 内核兼容的产品，同样一段程序在各个单片机厂家的硬件上运行的结果都是一样的，如 Atmel 的 89C51(已停产)、89S51，PHILIPS (飞利浦)和 WINBOND(华邦)等。由于 89C51 不支持 ISP(在线更新程序)功能，必须加上 ISP 功能等新功能才能更好延续 MCS-51 系列单片机的发展，在这样的背景下 89S51 取代了 89C51。89S51 目前已经成为了实际应用市场上的新宠，市场占有率第一的 Atmel 公司已经停产 AT89C51，将用 AT89S51 代替。89S51 在工艺上进行了改进，采用新工艺，成本降低了，而且功能提升了，增加了竞争力。89S×× 可以向下兼容 89C×× 等 51 系列芯片。

2. 89S51 单片机简介

AT89S51 是美国 Atmel 公司生产的低功耗、高性能 CMOS8 位单片机，片内含有 4KB 的可系统编程的 Flash 只读程序存储器，器件采用 Atmel 公司的高密度、非易失性存储技术生产，兼容标准 8051 指令系统及引脚。AT89S51 集 Flash 只读程序存储器及通用 8 位微处理器于单片芯片中，既可在线编程也可用传统方法进行编程。Atmel 公司的技术强大，低价位 AT89S51 单片机也可应用于许多高性价比的应用场合，可灵活应用于各种控制领域。

(1) 主要性能参数　主要性能参数如下：

① 与 MCS-51 系列产品的指令系统完全兼容；

② 4KB 在系统编程 Flash 闪速存储器；

③ 1000 次擦写周期；

④ 4.0 ~ 5.5V 的工作电压范围；

⑤ 全静态工作模式下，工作频率为 0 ~ 33MHz；

⑥ 三级程序加密锁；

⑦ 128 × 8B 内部 RAM；

⑧ 32 个可编程 I/O 口线；

⑨ 2 个 16 位定时器/计数器；

⑩ 6 个中断源；

⑪ 全双工串行 UART 通道；

⑫ 低功耗空闲和掉电模式；

⑬ 中断可从空闲模式唤醒系统；

⑭ 看门狗(WDT)及双数据指针；

⑮ 掉电标志和快速编程特性；

⑯ 灵活的在系统编程(ISP 字节或页写模式)。

（2）功能特性概述　AT89S51 提供以下标准功能：4KB Flash 闪速存储器、128B 内部 RAM、32 个 I/O 口线、看门狗(WDT)、双数据指针、2 个 16 位定时器/计数器、一个 5 向量两级中断结构、一个全双工串行通信口、片内振荡器及时钟电路。同时，AT89S51 具有可降至 0Hz 的静态逻辑操作，并支持两种软件可选的节点工作方式。空闲方式下，AT89S51 会停止 CPU 的工作，但允许 RAM、定时器/计数器、串行通信口及中断系统继续工作；掉电方式下，AT89S51 保护 RAM 中的内容，但振荡器停止工作并禁止其他所有部件工作，直到下一个硬件复位。

（3）引脚功能说明　89S51 芯片引脚如图 1-1 所示。引脚功能说明如下：

1）VCC：电源电压引脚。

2）GND：地。

3）P0 口：一组 8 位漏极开路型双向 I/O 口，即地址/数据总线复用口。用做输出口时，每位能驱动 8 个 TTL 逻辑门电路，对端口写"1"可用做高阻抗输入端；在访问外部数据存储器或程序存储器时，这组口线分时复用传递地址(低 8 位)和数据，在访问期间激活内部上拉电阻；在 Flash 编程时，P0 口接收指令字节，而在程序检验时输出指令字节。校验时，P0 口要求外接上拉电阻。

4）P1 口：一组带内部上拉电阻的 8 位双向 I/O

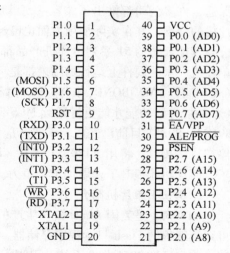

图 1-1　89S51 芯片引脚

口，其输出缓冲级可驱动 4 个 TTL 逻辑门电路。对 P1 口写"1"时，它们被内部的上拉电阻拉到高电平并可作为输入口。P1 口用做输入口时，因为内部存在上拉电阻，所以某个引脚被外部信号拉低时会输出一个电流。Flash 编程和程序校验期间，P1 口接收低 8 位地址。P1 口的高 3 位具有如下第二功能：

① P1.5——MOSI(用于 ISP 编程)；

② P1.6——MOSO（用于 ISP 编程）；

③ P1.7——SCK（用于 ISP 编程）。

5）P2 口：一组带有内部上拉电阻的 8 位双向 I/O 口，其输出缓冲级可驱动 4 个 TTL 逻辑门电路。对 P2 口写入"1"时，它们被内部的上拉电阻拉到高电平并可作为输入口。P2 口作输入口使用时，因为内部存在上拉电阻，某个引脚被外部信号拉低时会输出一个电流。在访问外部程序存储器或 16 位地址的外部数据存储器时，P2 口送出高 8 位地址数据。在访问 8 位地址的外部数据存储器时，P2 口线上的内容在整个访问期间不改变。Flash 编程或校验时，P2 口也接收高位地址和其他控制信号。

6）P3 口：一组带有内部上拉电阻的 8 位双向 I/O 口，其输出缓冲级可驱动 4 个 TTL 逻辑门电路。对 P3 口写入"1"时，它们被内部上拉电阻拉高并可作为输入口。作输入口使用时，被外部拉低的 P3 口将用上拉电阻输出电流。P3 口除了作为一般的 I/O 口线外，更重要的用途是它的第二功能：

① P3.0——RXD（串行输入口）；

② P3.1——TXD（串行输出口）；

③ P3.2——$\overline{\text{INT0}}$（外部中断 0）；

④ P3.3——$\overline{\text{INT1}}$（外部中断 1）；

⑤ P3.4——T0（定时器/计数器 0 外部输入）；

⑥ P3.5——T1（定时器/计数器 1 外部输入）；

⑦ P3.6——$\overline{\text{WR}}$（外部数据存储器写选通）；

⑧ P3.7——$\overline{\text{RD}}$（外部数据存储器读选通）。

P3 口还接收一些用于 Flash 编程和程序校验的控制信号。

7）RST：复位输入。当振荡器工作时，RST 引脚出现两个机器周期以上的高电平将使单片机复位。复位有上电复位和人工按键复位两种。RST 还可以作为备用电源输入端，当主电源 V_{CC} 发生故障而降低到规定值时，RST 上的备用电源自动供电，以防止信息丢失。

8）ALE/$\overline{\text{PROG}}$：当访问外部程序存储器或数据存储器时，ALE（地址锁存允许）输出脉冲用于锁存地址的低 8 位字节。即使不访问外部存储器，ALE 仍以时钟振荡频率的 1/6 输出固定的正脉冲信号，因此它可对外输出时钟或用于定时。

9）$\overline{\text{PSEN}}$：外部程序存储器的读选通信号。当 AT89S51 由外部程序存储器取指令时，每个机器周期有两次$\overline{\text{PSEN}}$信号有效，即输出两个脉冲。当访问外部数据存储器时，没有两次有效的$\overline{\text{PSEN}}$信号。

10）$\overline{\text{EA}}$/VPP：访问程序存储器控制信号。欲使 CPU 仅访问外部程序存储器，$\overline{\text{EA}}$端必须保持低电平。需注意的是：若加密位 LB1 被编程，则复位时内部会锁存$\overline{\text{EA}}$端状态。Flash 存储器编程时，该引脚加上 12V 的编程电压 V_{PP}。

11）XTAL1：振荡器反相放大器及内部时钟发生器的输入端。

12）XTAL2：振荡器反相放大器的输出端。

1.1.3　单片机的结构

1. 总体结构

单片机由硬件系统和软件系统两大部分组成。硬件系统主要由 CPU（运算器和控制器）、存储器、I/O 口和 I/O 设备组成，各组成部分之间通过地址总线（Address Bus，AB）、数据总线（Data Bus，DB）、控制总线（Control Bus，CB）联系在一起；软件系统是单片机的灵魂，单片机通过软件控制硬件进行工作，与硬件系统相辅相成，共同构成单片机控制系统。51 系列单片机的内部结构如图 1-2 所示，CPU 系统包括 8 位 CPU、时钟电路和总线控制逻辑电路；存储器系统包括 4KB 的程序存储器、128B 的数据存储器和特殊功能寄存器 SFR；单片机还包括 4 个并行 I/O 口、2 个 16 位定时器/计数器、一个全双工串行 I/O 口和中断系统（5 个中断源，2 个优先级）。

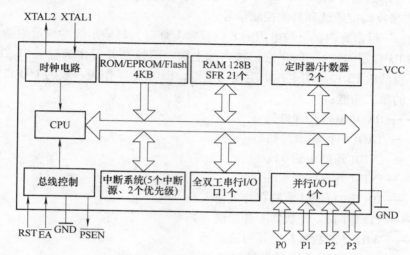

图 1-2   51 系列单片机的内部结构

2. 数据存储器和程序存储器

51 系列单片机的片内存储器与一般微机的存储器的配置不兼容。一般微机的 ROM 和 RAM 安排在同一空间的不同范围，称为普林斯顿结构；而 51 系列单片机的存储器在物理上设计成程序存储器和数据存储器两个独立的空间，称为哈佛结构。

51 系列单片机片内有 4KB 的程序存储器，片外可以扩展 64KB 的 RAM 和 ROM。程序存储器是片内还是片外靠EA引脚的状态来区分，当该引脚为高电平时低 4KB 地址指向片内，当该引脚为低电平时 4KB 地址指向片外。

51 系列单片机的数据存储器有 64KB 的寻址区，在地址上和程序存储器重合。单片机通过不同的信号线来选通 ROM 或 RAM，若从外部 ROM 取指令，则采用选通信号PSEN；若从外部 RAM 读/写数据，则采用读/写信号RD或者WR来选通。因此虽然两种存储器的寻址区地址相同，但不会出现读/写数据和读指令混乱的情况。

51 系列单片机的片内数据存储器容量是 256B（含特殊功能寄存器），可分为 4 个区，见表 1-1。

表 1-1   片内数据存储器的分区

第 N 区	名　称	地　址　范　围	第 N 区	名　称	地　址　范　围
1 区	工作寄存器区	00H ~ 1FH	3 区	数据存储区	30H ~ 7FH
2 区	位寻址区	20H ~ 2FH	4 区	特殊功能寄存器区	80H ~ 0FFH

1）第 1 区（00H ~ 1FH）是 4 组工作寄存器，每组占用 8B，记做 R0 ~ R7。在某一时刻单

片机只能使用其中的一组工作寄存器。工作寄存器组的选择是由程序状态寄存器 PSW 中的第 3 位和第 4 位决定的。

2）第 2 区（20H ~2FH）是位寻址区，共 16B 即 128bit。该区可以作为一般的数据 RAM 区进行读/写，还可以对每字节的每一位进行操作，并且对这些位都规定了固定的位地址。从 20H 单元的第 0 位开始到 2FH 单元的第 7 位结束，共 128 位，用位地址 00H ~7FH 分别与之对应。需要进行位操作的数据，可以放在这个区。

低 128B RAM 的字节地址范围也是 00H ~7FH。51 系列单片机采用不同的寻址方式来加以区分，访问低 128B 单元用直接寻址及间接寻址，而访问 128 个位地址用位寻址方式，这样就区分开了 00H ~7FH 是位地址还是字节地址。

3）第 3 区（30H ~7FH）是一般的数据存储区，共 80B。

4）第 4 区（80H ~0FFH）专门用于特殊功能寄存器。

3. 特殊功能寄存器

51 系列单片机的特殊功能寄存器是用来对片内各功能模块进行管理、控制、监视的控制寄存器或状态寄存器，是一个具有特殊功能的 RAM 区。51 系列单片机一共有 21 个特殊功能寄存器，简单介绍如下：

1）A：累加器。

2）B：乘法（除法）寄存器。

3）PSW：程序状态字，各位功能见表 1-2。

表 1-2　PSW 各位功能表

S7	S6	S5	S4	S3	S2	S1	S0
CY	AC	F0	RS1	RS0	OV	—	P
进位标志	半进位标志	用户标志位	工作寄存器组选择控制位		溢出标志	保留位	奇偶校验

4）DPTR：数据指针 DPTR 由低 8 位 DPL 和高 8 位 DPH 两个寄存器组成。DPTR 是个 16 位寄存器，可以存放一个 16 位的地址值。

5）IE：中断允许控制器。

6）IP：中断优先级控制器。

7）P0、P1、P2、P3：I/O 口。

8）PCON：电源控制及波特率设置寄存器。

9）SP：堆栈指针，是指向专门在内存中留出来的数据存储器区域的，即指示堆栈的位置。堆栈遵循"先进后出、后进先出"的原则。在使用堆栈前，要给 SP 赋一个初始值，这个初始值就是栈底。当数据存入堆栈后，堆栈指针 SP 的值就自动加一；当数据出栈时，SP 就自动减一。

10）SCON：串行口控制器。

11）SBUF：串行数据缓冲器，包括两个独立的寄存器，即发送缓冲器和接收缓冲器。

12）TCON：定时器控制寄存器。

13）TMOD：定时器方式选择寄存器。

14）TL0：定时器 0 低 8 位。

15）TH0：定时器 0 高 8 位。

16）TL1：定时器 1 低 8 位。

17）TH1：定时器 1 高 8 位。

4. 时钟电路

单片机的工作过程是：取一条指令、译码、进行微操作，再取一条指令、译码、进行微操作，由微操作按顺序完成相应指令规定的功能。各指令的微操作在时间上有严格的次序，这种微操作的时间次序称为时序。单片机的时钟信号用来为单片机芯片内部各种微操作提供时间基准。

51 系列单片机的时钟信号通常有两种方式产生：一是内部时钟方式，二是外部时钟方式。

内部时钟方式如图 1-3a 所示，在单片机内部有一振荡电路，只要在单片机的 XTAL1 和 XTAL2 引脚外接石英晶体（称为晶体振荡器），就构成了自激振荡器并在单片机内部产生时钟脉冲信号。电路中电容的作用是稳定频率和快速起振，电容量在 5～30pF 之间，典型值为 30pF。晶体振荡器的振荡频率范围在 1.2～12MHz 之间，典型值为 6MHz 和 12MHz。

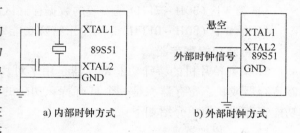

a) 内部时钟方式　　　　b) 外部时钟方式

图 1-3　时钟电路

外部时钟方式是把外部的时钟信号引入到单片机内，如图 1-3b 所示。外部时钟方式多用于多单片机同时工作，以便于各单片机的同步。一般要求外部时钟信号的高电平持续时间大于 20ns，且为频率低于 12MHz 的方波。对于采用 HCMOS 工艺的单片机，外部时钟要由 XTAL2 引脚引入，而 XTAL1 引脚应悬空。

5. 复位电路

51 系列单片机在启动时都需要复位，使 CPU 系统处于确定的初始状态，并从初始状态开始工作。当单片机系统处于正常工作状态，且振荡器稳定后，每个机器周期都要对 RST 引脚进行检测，只要其有一个维持 2 个机器周期的高电平，CPU 就可以响应，使系统复位。系统复位后 PC = 0000H，程序从 0000H 开始执行。

（1）复位电路的分类　51 系列单片机的复位电路通常有三类：一是上电复位电路，二是按键复位电路，三是复杂复位电路。

上电复位电路（见图 1-4a）中，给系统上电时，通电瞬间，电容相当于短路，电容上的电压等于 V_{CC}，即 RST 引脚的电压也为 V_{CC}；随着电容充电的完成，电容可看做是断路，电容电压降为 0，RST 引脚的电压为 0。由以上分析可知，RST 引脚的高电平维持时间，取决于电容的充电时间，为了保证系统安全可靠地复位，RST 引脚的高电平信号必须至少维持 2 个机器周期的时间。该电路中典型的电阻和电容参数为：晶体振荡频率为 12MHz 时，C 为 10μF，R 为 8.2kΩ；晶体振荡频率为 6MHz 时，C 为 22μF，R 为 1kΩ。

按键复位电路如图 1-4b 所示，其原理与上电复位相同，在单片机运行期间，还可以利用按键完成复位操作。

在工作现场干扰大，电压波动大的工作环境下，为了保持系统能够可靠地工作，需要对复位电路进行处理，设计复杂的复位电路。

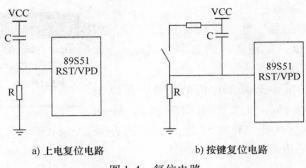

a) 上电复位电路   b) 按键复位电路

图 1-4 复位电路

（2）复位后寄存器的状态 单片机系统复位后，P0 ~ P3 口输出高电平，准双向口处于输入状态，堆栈指针 SP 写入 07H，程序计数器清零，SBUF 数值不定，其余的寄存器清零，片内和片外 RAM 的状态不受复位影响。单片机特殊功能寄存器的复位状态见表 1-3。

表 1-3 单片机特殊功能寄存器的复位状态

特殊功能寄存器	复 位 值	特殊功能寄存器	复 位 值
PC	0000H	IP	有效位为 0
A	00H	IE	有效位为 0
B	00H	TMOD	00H
PSW	00H	TCON	00H
SP	07H	TH0	00H
DPTR	0000H	TL0	00H
P0	0FFH	TH1	00H
P1	0FFH	TL1	00H
P2	0FFH	SCON	00H
P3	0FFH	PCON	有效位为 0
SBUF	不确定		

1.2 Keil μVision2 集成开发环境介绍

Keil μVision2 集成开发环境是 Keil software 软件公司的产品，是众多单片机应用开发的优秀软件之一，它集项目管理、编译工具、代码编写工具、代码调试以及完全仿真于一体，界面友好、易学易用。这一功能强大的软件提供了简单易用的开发平台，让开发者在开发过程中能集中精力于项目本身，加快开发速度。下面以建立一个简单的工程为例，介绍 Keil μVision2 的使用方法。

1. 建立新工程文件

1）启动 Keil μVision2，欢迎界面如图 1-5 所示。几秒后，软件自动进入编辑界面，如图 1-6 所示。

2）单击"Project"菜单，在弹出的下拉菜单中选中"New Project…"选项，如图 1-7

所示。

3）选择要保存的路径，输入工程文件的名字，如保存到"实训"目录里，工程文件的名字为 shixun，如图1-8所示，然后单击保存。

4）在弹出的对话框中选择单片机的型号，可以根据使用的单片机来选择，如选择使用较多的 Atmel 89C51，如图1-9所示。选择 AT89C51 之后，右边栏是对这个单片机的基本的说明，然后单击确定。

图1-5　Keil μVision2 的欢迎界面

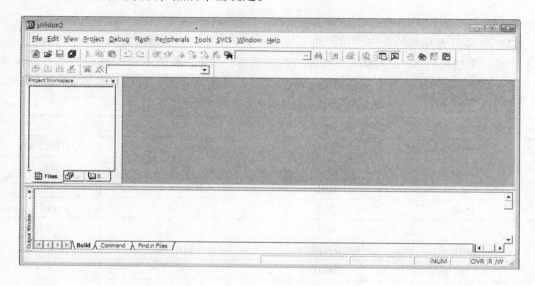

图1-6　Keil μVision2 的编辑界面

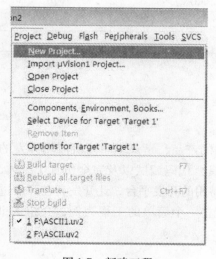

图1-7　新建工程

图1-8　保存工程

5）单片机型号被选定后，会出现对话框询问是否自动加入启动文件，单击"否"按钮即可，完成后的界面如图1-10所示。

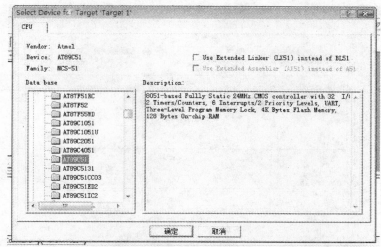

图1-9 选择单片机型号

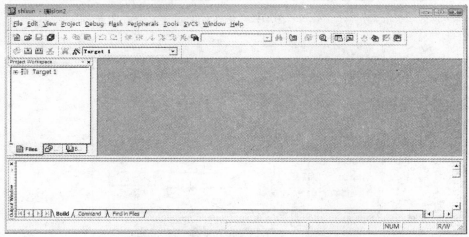

图1-10 建立工程完成

2. 建立和加入文件

1）单击"File"菜单，再在下拉菜单中选择"New"选项，建立一个txt文件，如图1-11所示。

2）新建文件如图1-12所示，光标在编辑窗口里闪烁，用于输入源程序。

3）保存文件，在输入源程序之前一般先保存此空白文件。单击菜单栏上的"File"，在下拉菜单中选择"Save As"选项，界面如图1-13所示，在"文件名"栏右侧的文本框中，键入欲使用的文件名，同时，必须键入正确的扩展名。注意因为本书介绍的是用汇编语言编写程序，所以扩展名必须为（.asm）；若为C语言编写，扩展名则为".c"。然后，单击"保存"按钮。

4）单击界面左侧项目管理窗口中"Target 1"前面的"+"号，然后在"Source Group 1"上单击右键，弹出下拉菜单，选择

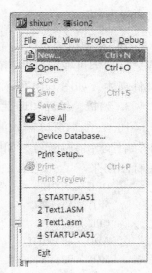

图1-11 新建文件

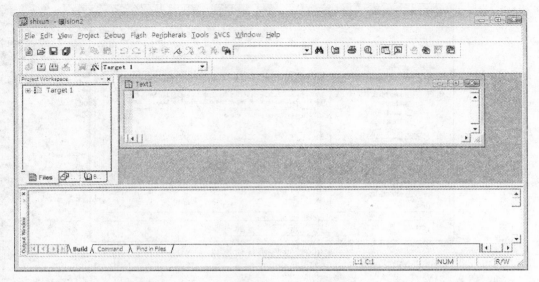

图1-12　建立文件

图1-13　保存文件

"Add Files to Group 'Source Group 1'"，加入文件，如图1-14所示。

　　5）在弹出的对话框中，选中刚才保存的文件，单击"Add"，界面如图1-15所示。完成之后，即可在屏幕左侧的项目管理窗口中看到所添加的文件名已经在"Source Group 1"文件夹中，如图1-16所示。

　　3. 编辑、编译和调试

　　1）在编辑窗口输入源程序（程序功能：已知数0x1621H，低位存在R2中，高位存在R3中，编程求出其补码），如图1-17所示。在输入程序时，不同的关键字会自动地以不同的颜色标示出来。

```
ORG   0500H
MOV   A, R2
CPL   A
ADD   A, #01H
MOV   R2, A
MOV   A, R3
```

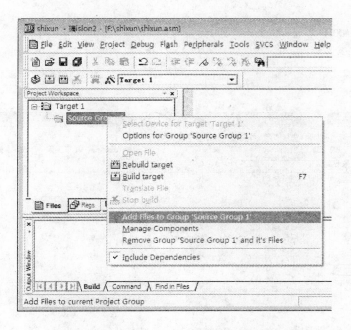

图 1-14　加入文件

图 1-15　加入 . asm 文件

图 1-16　文件加入到工程后

```
CPL   A
ADDC A，#00H
MOV  R3，A
SJMP $
END
```

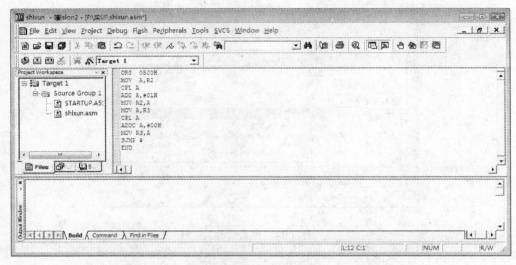

图 1-17　输入程序

2）单击"Project"菜单，再在下拉菜单中选中"Options for Target ' Target 1 '"，如图 1-18所示。选择该项目后出现当前项目配置选项，将"Output"选项卡中的"Create HEX Fi："选中，如图 1-19 所示，使程序编译后产生 HEX 代码，供下载器软件使用，把程序下载到单片机中。

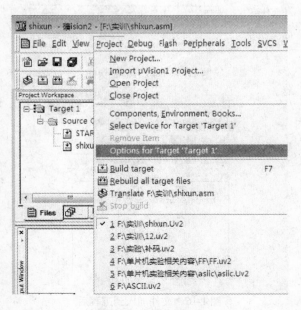

图 1-18　项目设置

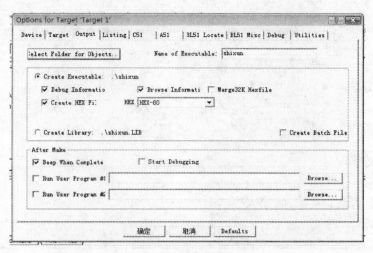

图 1-19　输出设置

3）再单击"Project"菜单，在下拉菜单中选中"Build target"选项（见图 1-20），对项目进行编译并生成 HEX 文件。编译完成后，在屏幕下方的"Output Window"窗口可以看到编译情况，如图 1-21 所示。若修改之后编译，则选择图 1-20 所示菜单中的"Rebuild all target files"进行编译。

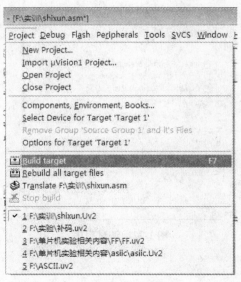

图 1-20　编译文件

4）编译成功后，单击"debug"菜单，在弹出的下拉菜单中选择"Start/Stop Debug Session"，对程序进行调试，直到能够达到功能要求为止，如图 1-22 所示。

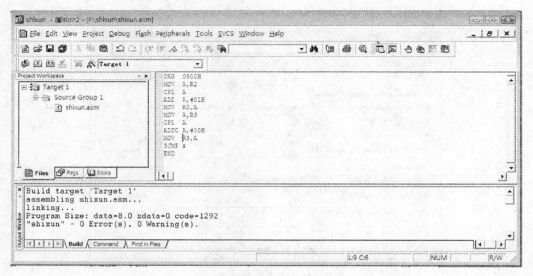

图 1-21　编译成功

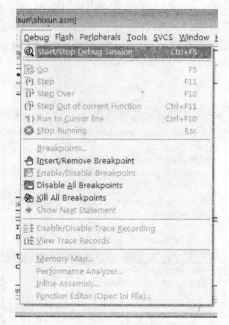

图 1-22　调试程序

1.3　实验平台介绍

本书采用的实验平台是 QSWD-PBD3 型单片机综合实验装置,如图 1-23 所示。本装置是浙江求是科教设备有限公司生产的单片机实验平台。

此实验平台采用模块化接口电路、CPU 开放式结构。单片机最小应用系统可以增加选配型号,D 形 8P 排座引出所有 I/O 口,接口电路有开关输入、行列式键盘、查询式键盘、

LED 显示、动/静态数码管显示、LED 点阵显示、液晶显示、模-数（A-D）转换、数-模（D-A）转换、RS232 通信、数据存储器扩展、程序存储器扩展、8155 扩展、8255 扩展、电动机控制、温度采集、交通灯模拟、微型打印机控制等，并集成有单片机应用中可能用到的功能模块，如锁存单元、译码单元、74LS164 串并转换模块、74LS165 并串转换模块等。

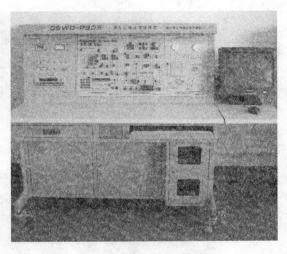

图 1-23　QSWD-PBD3 型单片机综合实验装置

下面对本书用到的模块做简单的介绍。

1. 单片机最小系统模块

单片机最小系统图如图 1-24 所示。本模块已经做好最小系统，并将所有的引脚都扩展出来，每个引脚都可以用接插线连接；P0 口、P1 口、P2 口、P3 口分别用 D 形 8P 排座引出，用做整个端口的连线。单片机最小系统模块主要由单片机、复位电路、时钟电路和扩展口组成。时钟电路由晶体振荡器及电容组成，复位电路由上电复位结构组成。

2. 电源模块

电源模块如图 1-25 所示。电源模块提供 5V、−5V、12V 和 −12V 电源，每一种都装有熔丝。

3. 显示部分

发光二极管显示模块如图 1-26a 所示，有 8 个 LED 灯，可分别连线，也可用 D 形 8P 排座同时引出。动态显示模块如图 1-26b 所示，有 8 位数码管显示器组成，

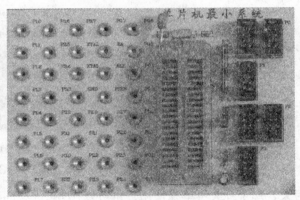

图 1-24　单片机最小系统

左边的 8P 排座为字段控制口，右边的为字位控制口。静态显示模块如图 1-26b 所示，单片机串口工作于方式 0 同步移位寄存器方式，RXD 输入/输出串行数据，TXD 则输出同步移位脉冲，静态显示模块的 RXD 接单片机 RXD 端，TXD 接单片机 TXD 端。液晶显示模块如图 1-26c 所示，此模块采用工业字符型液晶显示器 1602 芯片，能够同时显示 16 × 2 即 32 个字符。上边的 8P 排座为 1602 的 DB0 ~ DB7，下边的 8P 排座中的 C0 ~ C3 为 1602 的 RS 端、RW 端和 E 端。

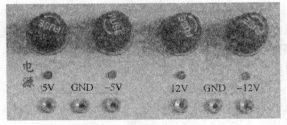

图 1-25　电源模块

4. 开关与键盘

数据开关如图 1-27a 所示，共有 8 个，每个都接有 LED，可通过灯的亮灭确定开关的开

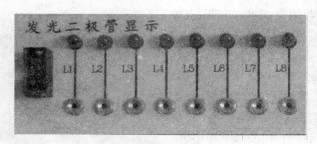

a) 发光二极管显示模块

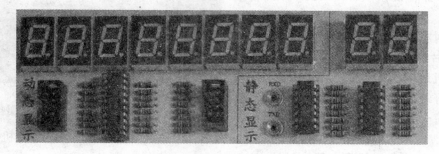

b) 动态显示模块和静态显示模块

c) 液晶显示模块

图 1-26　显示部分

与关，每个开关可单独使用，也可以用 8P 排座同时连线。矩阵式键盘如图 1-27b 所示，为 4×4 键盘，总共 16 个按键，通过 8P 排座引出行线和列线。查询式键盘如图 1-27c 所示，独立按键有 8 个，由 8P 排座引出连线。

5. 存储器扩展

数据存储器扩展模块如图 1-28a 所示，该模块采用 6264 芯片，数据由右边的 8P 排座引出，地址由左边的 8P 排座引出，读/写信号、选通信号由插孔引出。程序存储器扩展模块如图 1-28b 所示，该模块采用 28C16 芯片，数据由右边的 8P 排座引出，地址由左边的 8P 排座引出，读/写信号、选通信号由插孔引出。

6. I/O 口扩展模块

I/O 口扩展模块如图 1-29 所示。本书的 I/O 扩展实验采用 8255 芯片，此模块中 PA 口、PB 口、PC 口和 D0 ~ D7 分别由 4 个 8P 排座引出，读/写信号、选通信号、复位、地址选择引脚由插孔引出。

7. I²C 总线扩展模块

I²C 总线扩展模块如图 1-30 所示，此模块采用最常用的外部扩展 EEPROM 芯片

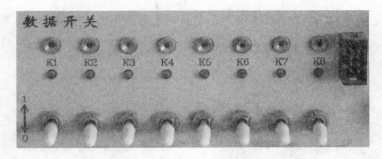

a) 数据开关

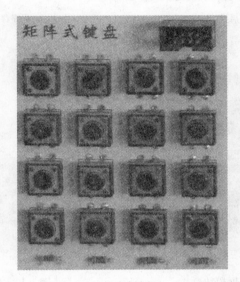

b) 矩阵式键盘

c) 查询式键盘

图 1-27　开关与键盘

（24C01），串行数据线（SDA）和时钟线（SCL）分别由插孔引出。

8. 模-数、数-模扩展

ADC0809 模-数转换模块如图 1-31a 所示，8 路 0 ~ 5V 的模拟电压信号（IN0 ~ IN7）、地址锁存允许信号（ALE）、转换结束信号（EOC）、输出允许信号（OE）等均由插孔引出，转换出的 8 位数据由 8P 排座引出。DAC0832 数-模转换模块如图 1-31b 所示，片选信号（CS）、选通信号（WR）、转换出的模拟信号（AOUT）由插孔引出，数据输入线（DI0 ~ DI7）由 8P 排座上的 D0 ~ D7 引出。

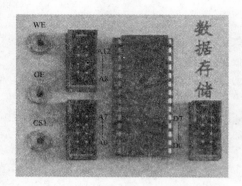

a) 数据存储器扩展模块

b) 程序存储器扩展模块

图 1-28   存储器扩展

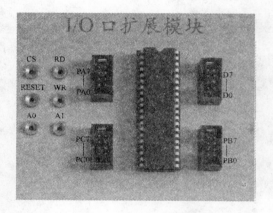

图 1-29   I/O 口扩展模块

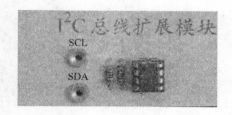

图 1-30 I^2C 总线扩展模块

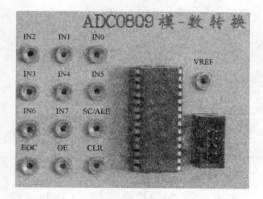

a) ADC0809 模–数转换模块

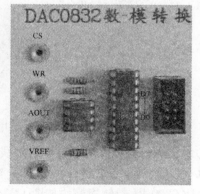

b) DAC0832 数–模转换模块

图 1-31   模-数、数-模扩展

9. 串并、并串转换

74LS164 串并转换模块如图 1-32a 所示，串行输入数据、时钟信号等由插孔引出，转换出的 8 位并行数据由 8P 排座引出。74LS165 并串转换模块如图 1-32b 所示，串行输出数据、时钟信号等由插孔引入，输入的 8 位并行数据由 8P 排座引出。

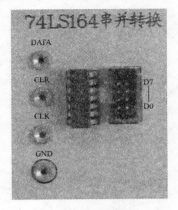
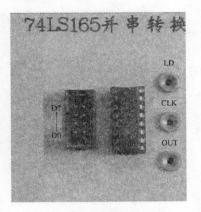

a) 74LS164串并转换模块　　　　　　　　b) 74LS165并串转换模块

图 1-32　串并、并串转换模块

10. 锁存与译码

锁存单元如图 1-33a 所示，由插孔和 8P 排座将引脚引出。译码单元如图 1-33b 所示，由插孔将引脚引出。这两个单元主要是为单片机扩展而用。

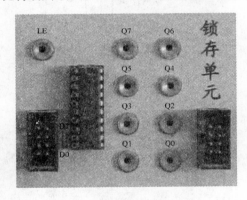
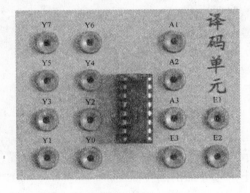

a) 锁存单元　　　　　　　　　　　　　　b) 译码单元

图 1-33　锁存、译码单元

11. 音频电路模块

音频电路模块如图 1-34 所示。音频电路主要由蜂鸣器及蜂鸣器驱动电路组成，可作为声音信号的输出。

12. 调模拟电压和调基准电压模块

图 1-35a 为调模拟电压模块，本书中为实验提供模拟电压。

图 1-35b 为调基准电压模块，本书中为 A-D、D-A 转换芯片提供基准电压。

13. PWM 模块

图 1-36 为 PWM 电压转换模块，它把 PWM（脉宽调制）信号转换为 0 ~ 5V 的模拟电压信号输出，配合单片机使用。

14. 综合实验模块

DS1302 电子时钟电路如图 1-37 所示，DS1302 时钟芯片的复位信号（RST），串行数据输入／输出信号（I/O），时钟信号（SCLK）由插孔引出。

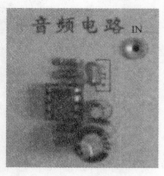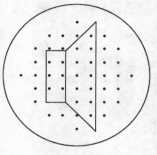

图 1-34　音频电路模块

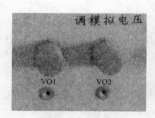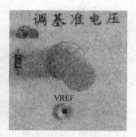

a) 调模拟电压模块　　　　b) 调基准电压模块

图 1-35　调模拟电压和调基准电压模块

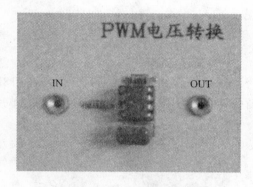

图 1-36　PWM 电压转换模块

交通灯模拟控制模块如图 1-38 所示，十字路口东西与南北两个方向的各干道都设置一组红、黄、绿三色的指示灯，用于指挥交通。各灯的亮灭设置、启动信号、停止信号等都由插孔引出。

LED 点阵显示模块如图 1-39 所示，行线（H0～H7）和列线（L0～L7）分别由 8P 排座引出，可用排线使之与单片机相接。

微型打印机模块如图 1-40 所示，打印机忙信号（BUSY）、选通信号（STB）、纸检测信号（PE）、应答信号（ACK）及错误检测信号（ERR）均由插孔引出，输入打印机的数据（D0～D7）通过 8P 排座引出。

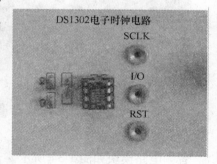

图 1-37　DS1302 电子时钟电路

汽车转弯灯模块如图 1-41 所示，左右两个转弯灯的引线和左右两个转弯按钮的引线分别由插孔引出，可与单片机相连，由单片机控制按钮和灯对应起来。

步进电动机模块如图 1-42 所示，步进电动机的四相 A，B，C，D 分别由插孔引出，可与单片机相连，由单片机控制输出脉冲信号驱动步进电动机工作。

直流电动机模块如图 1-43 所示，模拟信号通过 IN 插孔输入到驱动电路，经驱动电路驱动的信号送入直流电动机，控制直流电动机工作。

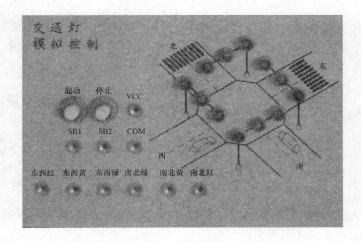

图 1-38　交通灯模拟控制模块

图 1-39　LED 点阵显示模块

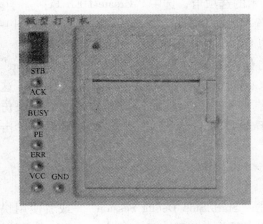

图 1-40　微型打印机模块

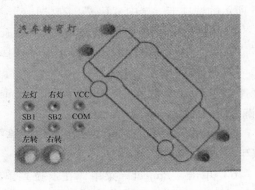

图 1-41　汽车转弯灯模块

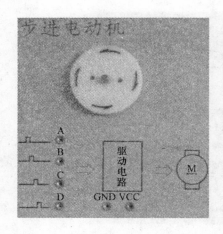

图 1-42　步进电动机模块

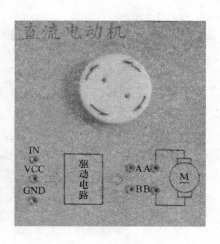

图 1-43　直流电动机模块

1.4　仿真器介绍

本书采用的是 TKS-52B 型仿真器，该仿真器是广州致远电子有限公司在 PHILIPS 和 Keil 公司支持下推出的业界领先的系列仿真器，采用当前最先进的 HOOKS 仿真技术，设计独到的仿真性能处于全球的全面领先水准。该仿真器硬件上吸收 PHILIPS 公司 MCU 设计部门的经验，具备很好的运行稳定性和芯片兼容性；运行频率突破 HOOKS 技术的极限，达到了前所未有的 32MHz；低电压仿真方面性能卓越，可以在 2.0V 以下稳定运行；内部的部件经过全面优化后，能以较低的价格支持多项高级仿真功能，并能支持多种 51 内核单片机的仿真。

采用 TKS-52B 型仿真器进行单片机硬件仿真的具体步骤如下：

1）将仿真头插入单片机插槽内，注意仿真头的方向（缺口应该朝上）；串口线与计算机连接。

2）单击"Project"菜单，在下拉菜单中单击"Options for Target 'Target 1 '"进入工程配置对话框，单击"Output"标签进入如图 1-44 所示的选项卡，选中"Create HEX Fi："。

3）在"Options for Target 'Target 1 '"工程配置对话框中单击"Debug"标签，进入如图 1-45 所示的选项卡，选中"Use"，在"Use"右边的下拉列表中选择"TKS Debugger B"。

4）在图 1-45 中单击"Settings"按钮，弹出如图 1-46 所示的对话框，在"Com Port"下拉列表框中选择所用的串口，将缓冲选择区"Cache Options"中所有项前都打上对勾。这样一般的操作中仿真软件就不用频繁的读取仿真器中的内容，而使用缓冲区域以加快仿真速度。然后单击"OK"，回到"Options for Target 'Target 1 '"工程配置对话框，单击"确定"。

5）单击"Debug"菜单，在下拉菜单中单击"Rebuild all target files"，编译全部程序，以生成 HEX 文件。

6）单击"Project"菜单，在下拉菜单中单击"Start/Stop Debug Session"（或者使用快捷键 Ctrl + F5）进入硬件仿真模式。在硬件仿真模式下单击"Start/Stop Debug Session"可以退出仿真模式。

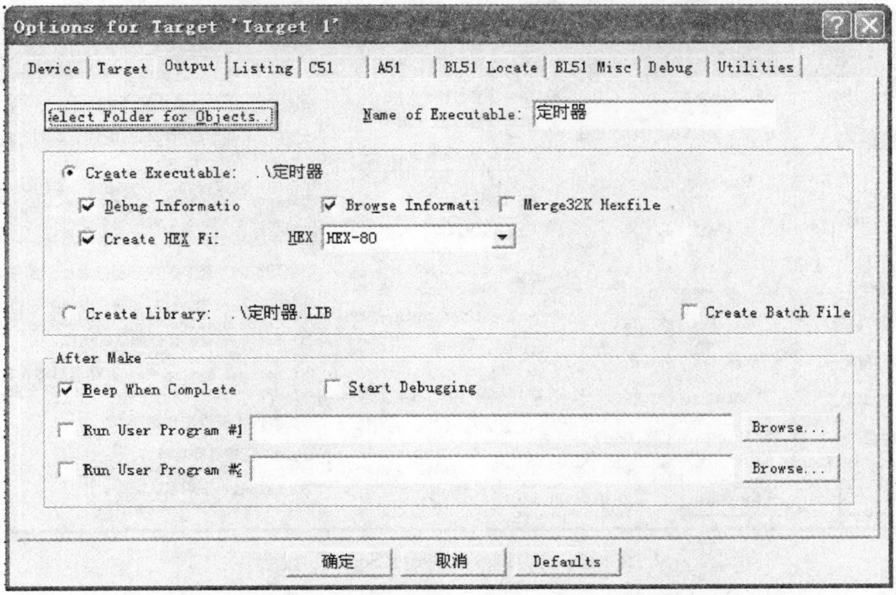

图 1-44　"Output" 设置

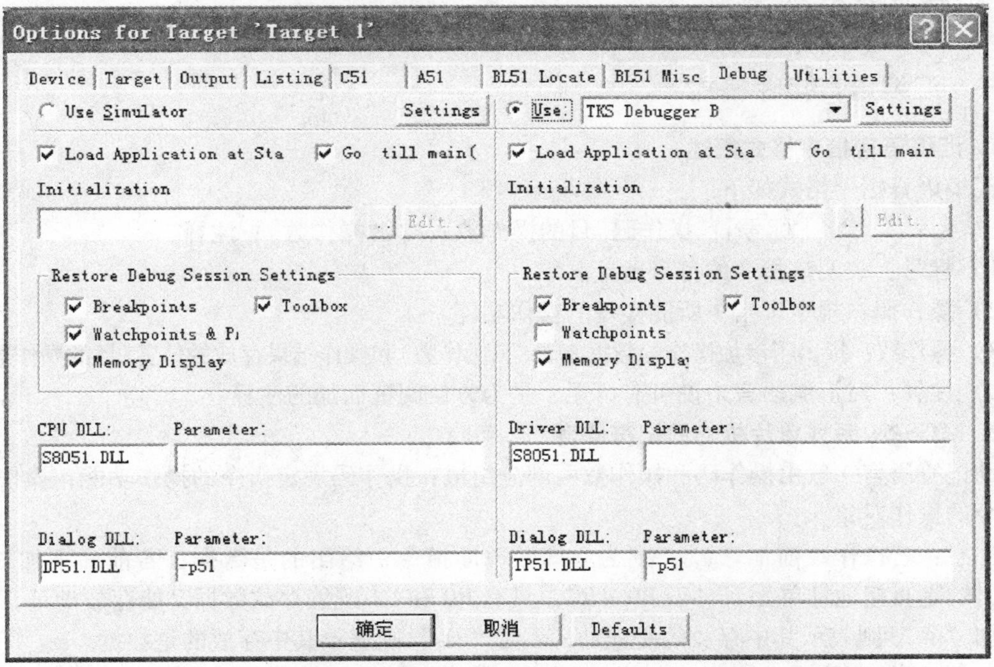

图 1-45　"Debug" 设置

7）在硬件仿真模式下利用快捷键可以单步（F10）或全速（F5）执行程序，在单步运行的情况下可以查看程序运行的结果。

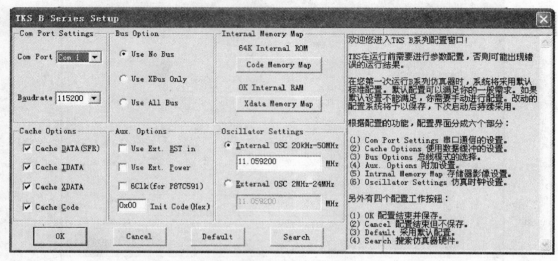

图 1-46 "TKS B Series Setup" 设置

1.5 汇编语言介绍

1.5.1 汇编语言指令格式

1. 汇编语言指令格式概述

汇编语言指令格式如下：

[标号]：操作码[目的操作数]，[源操作数]；注释

1）标号：表明该指令的符号地址。

2）操作码：规定了指令所能实现的操作功能。

3）操作数：指出了参加操作的数据来源（源操作数）和操作结果存放的位置（目的操作数）。

4）注释：对汇编语言来说可有可无，是为方便阅读而加的注释。

2. MCS-51 系列单片机的助记符语言

助记符语言一般由操作码和操作数两部分组成：操作码规定指令的操作功能，操作数表示指令的操作对象。

注意：若操作数前加"#"，则为立即数，即指令中给出的是数据；若前面不加"#"，则给出的是直接地址单元。对于 R0 ~ R7，只有 R0 和 R1 既能存放数据又能存放地址，若其前面加"@"则表示其中存放的是地址，不加"@"则表示其中存放的是数据。

1.5.2 51 系列单片机的寻址方式

1. 寻址方式中常用的符号注释

1）Rn(n = 0 ~ 7)：当前选中的工作寄存器组中的寄存器 R0 ~ R7 之一。

2）Ri(i = 0,1)：当前选中的工作寄存器组中的可作为地址指针的寄存器 R0 或 R1。

3）#data：8 位立即数。

4）#data16：16 位立即数。

5）data：8 位片内 RAM 单元的直接地址。

6）addr11：11 位目的地址，用于 ACALL 和 AJMP 指令中。

7）addr16：16 位目的地址，用于 LCALL 和 LJMP 指令中。

8）rel：补码形式表示的 8 位地址偏移量，在相对转移指令中作基址，偏移范围在 $-128 \sim 127$ 之间。

9）bit：片内 RAM 的位地址，特殊功能寄存器的位地址。

10）@：间址寻址方式中，间址寄存器前缀。

11）/：微操作数的取反操作前缀，不影响该位原值。

12）（x）：表示 x 地址单元或寄存器中的内容。

13）（（x））：表示 x 所指向的地址单元中的内容。

14）→：指令操作流程，将箭头左边的内容送到右边的单元中。

2. 寻址方式分类

（1）立即寻址　操作码后面跟的是实际操作数，直接参与操作，又称立即数。

如：MOV A，#0FFH　　　　　；0FFH→（A）

　　MOV DPTR，#26ABH　；26H→（DPH），ABH→（DPL）

（2）直接寻址　指令中包含了操作数的地址，这个地址直接给出了参加运算或传送的单元地址或位地址。

如：MOV A，69H　；（69H）→（A）

（3）寄存器寻址　该寻址方式是指由指令指出寄存器组 R0～R7 中某一个或其他寄存器（A、B、DPTR 等）的内容作为操作数。

如：MOV A，R5　；（R5）→（A）

　　MOV A，R0　；（R0）→（A）

　　ADD A，R0　；（A）+（R0）→（A）

（4）寄存器间接寻址　操作数的地址事先存放在某个寄存器中，寄存器间接寻址是把指定寄存器的内容作为地址，由该地址所指定的单元内容作为操作数。

如：MOV A，@R0　；（（R0））→（A）

（5）变址寻址　以某个寄存器的内容为基地址，然后在这个基地址的基础上加上地址偏移量形成真正的操作数地址，51 单片机以 DPTR 和 PC 作为基址寄存器，以累加器作为偏移量寄存器，常用于查表，访问对象是片外程序存储器。

如：MOVC A，@A+PC　；（（A）+（PC））→（A）

（6）相对寻址　将程序计数器 PC 中的当前值与指令第二字节给出的偏移量相加，把结果作为跳转指令的转移地址。

注意：当前值是指这条相对转移指令的下一条指令的第一个字节的地址。

如 JC 04H　；（PC）+2→（PC）

若 C=1，则（PC）+04H→（PC）；若 C=0，则顺序执行。

（7）位寻址　位寻址指对片内 RAM 的位寻址区和某些可位寻址的特殊功能寄存器进行位操作的寻址方式。

1.5.3 汇编语言指令系统

1. 数据传送类指令

1）以累加器 A 为目的操作数的指令（4 条）：

MOV A，Rn　　　；（Rn）→（A）

MOV A，data　　；（data）→（A）

MOV A，@Ri　　；（（Ri））→（A）

MOV A，#data　；data→（A）

2）以寄存器 Rn 为目的操作数的指令（3 条）：

MOV Rn，A　　　　；（A）→（Rn）

MOV Rn，data　　；（data）→（Rn）

MOV Rn，#data　；data→（Rn）

3）以直接地址为目的操作数的指令（5 条）：

MOV data，A　　　；（A）→（data）

MOV data，Rn　　　；（Rn）→（data）

MOV data1，data2　；（data2）→（data1）

MOV data，@Ri　　；（（Ri））→（data）

MOV data，#data　；data→（data）

4）以间接地址为目的操作数的指令（3 条）：

MOV @Ri，A　　　　；（A）→（（Ri））

MOV @Ri，data　　；（data）→（（Ri））

MOV @Ri，#data　；data→（（Ri））

5）查表指令（2 条）：

MOVC A，@A+DPTR　；（（A）+（DPTR））→（A）

MOVC A，@A+PC　　；（（A）+（PC））→（A）

6）累加器 A 与片外 RAM 传送指令（4 条）：

MOVX A，@DPTR　；（（DPTR））→（A）

MOVX @DPTR，A　；（A）→（（DPTR））

MOVX A，@Ri　　；（（Ri））→（A）

MOVX @Ri，A　　；（A）→（（Ri））

7）堆栈操作指令（2 条）：

PUSH data　；（SP）+1→（SP），（data）→（SP），入栈指令

POP data　　；（SP）→（data），（SP）−1→（SP），出栈指令

8）交换指令（4 条）：

XCH A，Rn　　；（A）−（Rn）

XCH A，data　；（A）−（data）

XCH A，@Ri　；（A）−（（Ri））

XCHD A，@Ri　；$(A)_{0\sim3}$—$((Ri))_{0\sim3}$

9）16 位数据传送指令（1 条）：

MOV DPTR，#data16 ；dataH→（DPH），dataL→（DPL）

2. 算术运算类指令

1）加法（addation）指令（4 条）：执行该类指令影响标志位 AC、C、OV、P。

ADD A，#data ；（A）+data→（A）

ADD A，data ；（A）+（data）→（A）

ADD A，@Ri ；（A）+（（Ri））→（A）

ADD A，Rn ；（A）+（Rn）→（A）

例 1-1 已知（A）=0C3H；（R0）=0A4H，执行 ADD A，R0 后，求各标志位和累加器 A 中的值。

解：

$$
\begin{array}{r}
11000011 \\
+\ \ 10101010 \\
\hline
1\ 01101101
\end{array}
$$

注：CP 为最高位进位位；CS 为次高位进位位；OV 为 CP 与 CS 相异或的值，CP⊕CS = 1⊕0 = 1；

① 若看成无符号数：运算后，C = 1，OV = 1，AC = 0，P = 1，（A）= 6DH；

② 若看成有符号数：OV = 1 表示溢出。

2）带进位的加法指令（4 条）：执行该类指令影响标志位 AC、C、OV、P。

ADDC A，#data ；（A）+data+（C）→（A）

ADDC A，data ；（A）+（data）+（C）→（A）

ADDC A，@Ri ；（A）+（（Ri））+（C）→（A）

ADDC A，Rn ；（A）+（Rn）+（C）→（A）

例 1-2 已知（A）=0AEH，（R0）=81H，（C）=1，执行 ADDC A，R0 后，求各标志位和累加器 A 中的值。

解：

$$
\begin{array}{r}
10101110 \\
10000001 \\
+\ \ \ \ \ \ \ \ \ 1 \\
\hline
100110000
\end{array}
$$

执行完指令后：C = 1 OV = 1 AC = 1 P = 0 A = 30H

3）带借位的减法指令（4 条）：执行该类指令影响标志位 AC、C、OV、P。

SUBB A，#data ；（A）-data-（C）→（A）

SUBB A，data ；（A）-（data）-（C）→（A）

SUBB A，@Ri ；（A）-（（Ri））-（C）→（A）

SUBB A，Rn ；（A）-（Rn）-（C）→（A）

例 1-3 已知（A）=0C9H，（R3）=54H，（C）=1，执行 SUBB A，R3 后，求各标志位和累加器 A 中的值。

解：

$$A = 11001001$$
$$\underline{- \quad C = \qquad\quad 1}$$
$$11001000$$
$$\underline{- \quad R3 = 01010100}$$
$$01110100$$

执行完指令后：C = 0，OV = 1，AC = 0，P = 0，A = 74H

注意：若在进行单字节或多字节减法运算前，不知道借位标志位 C 的值时，则应在进行运算前将 C 清零。

4）乘法指令（1 条）：把累加器 A 和寄存器 B 中的 8 位无符号整数相乘，积存放在 A 和 B 中，其中 A 中存放低 8 位，B 中存放高 8 位。执行该条指令影响标志位 C、OV、P。

$$MUL \ AB \quad ；(A) \times (B) \rightarrow \begin{cases} (B)_{15\text{-}8} \ 积的高 8 位 \\ (A)_{7\text{-}0} \ 积的低 8 位 \end{cases}$$

注意：若乘积大于 0FFH，则溢出标志 OV 置 1，否则清零，乘法运算中，进位标志位 C 一直为 0。

例 1-4 已知（A）= 4EH，（B）= 5DH，执行 MUL AB 后，求累加器 A 和寄存器 B，标志位 OV、P 中的值。

解：执行 MUL AB，将乘积的高 8 位放在寄存器 B 中，低 8 位放在累加器 A 中。

执行完该指令后：B = 1CH，A = 56H，OV = 1，P = 0。

5）除法指令（1 条）：把累加器 A 和寄存器 B 中的 8 位无符号整数相除，A 中存放商，B 中存放余数。

$$DIV \ AB \quad ；(A)/(B) \rightarrow \begin{cases} (A) \ 商 \\ (B) \ 余数 \end{cases}$$

注意：若除数为 00H，则执行结果为不确定值，这时 OV = 1，表示除法溢出，为不合理操作。

例 1-5 已知（A）= 87H，（B）= 0CH，执行 DIV AB 后，求累加器 A 和寄存器 B，标志位 OV、P 中的值。

解：执行 DIV AB，将商放在累加器 A 中，余数放在寄存器 B 中。

执行完该指令后：A = 0BH，B = 03H，P = 1，C = 0。

6）加 1 指令（5 条）：把所指的寄存器加 1，结果仍送回原寄存器中。

```
INC A        ；（A）+ 1 → （A）
INC data     ；（data）+ 1 → （data）
INC @ Ri     ；（（Ri））+ 1 → （（Ri））
INC Rn       ；（Rn）+ 1 → （Rn）
INC DPTR     ；（DPTR）+ 1 → （DPTR）
```

注意：若原来寄存器或地址单元中的内容为 FFH，则加 1 后为 00H，其中只有第一条指令对标志位 P 产生影响。

比较：INC A 与 ADD A，#00H，二者都是对累加器 A 的内容加 1，但后者对进位标志位 C 有影响。

例 1-6 已知（A）= 8FH，（R0）= 55H，（56H）= 0BBH，DPTR = 2001H，依次执行下列程序后，各自的内容为多少?

INC A

INC R0

INC 56H

INC @ R0

INC DPTR

解:

INC A   ; （A）= 90H

INC R0   ; （R0）= 56H

INC 56H   ; （56H）= 0BCH

INC @ R0   ; （（R0））= 0BDH

INC DPTR ; （DPTR）= 2002H

7）减 1 指令（4 条）：把所指寄存器内容减 1，结果再放回到寄存器中。

DEC A   ; （A）-1→（A）

DEC data   ; （data）-1→（data）

DEC @ Ri   ; （（Ri））-1→（（Ri））

DEC Rn   ; （Rn）-1→（Rn）

注意: 若原来寄存器或地址单元中的内容为 00H，则加 1 后为 FFH，其中只有第一条指令对标志位 P 产生影响。

例 1-7 已知（A）= 0DFH，（R1）= 40H，（R7）= 19H，（30H）= 0FFH，依次执行下列程序后，各自的内容为多少?

DEC A

DEC R7

DEC 30H

DEC @ R1

解: DEC A   ; （A）= 0DEH

       DEC R7   ; （R7）= 18H

       DEC 30H   ; （30H）= 0FFH

       DEC @ R1 ; （（R1））= 0FEH

8）十进制调整指令（1 条）：

DA A

说明: 在进行 BCD 码运算时，放在 ADD、ADDC 指令后，对相加后存放在累加器 A 中的结果进行修正。

条件方法: 若（A）$_{(0-3)}$ >9 或 AC = 1，则（A）$_{(0-3)}$ +06H→（A）$_{(0-3)}$；若（A）$_{(4-7)}$ >9 或 AC = 1，则（A）$_{(4-7)}$ +06H→（A）$_{(4-7)}$，即（A）+60H→（A）；

注意: 若以上两条同时发生或高 4 位虽等于 9，但低 4 位修正后有进位，则应加 66H 修正。

3. 逻辑操作类指令

1) 循环移位指令(4 条)：

RL A ; 累加器内容向左循环移一位，相当于 ×2(条件为 ACC.7 = 0)

RR A ; 累加器内容向右循环移一位，相当于/2(条件为 ACC.0 = 0)

RLC A ; 累加器内容带进位位向左循环移一位，相当于 ×2(条件为 C = 0)

RRC A ; 累加器内容带进位位向右循环移一位，相当于/2(条件为 C = 0)

2) 累加器半字节交换指令(1 条)：

SWAP A ; $A_{0~3}$ 与 $A_{4~7}$ 互换

3) 求反指令：

CPL A

4) 清零指令：

CLR A

5) 逻辑与指令：常用来屏蔽字节中的某些位，要保留的位与"1"相与，要清除的位与"0"相与。

ANL A, #data ; (A)∧data→(A)

ANL data1, #data2 ; (data1)∧data2→(data1)

ANL A, Rn ; (A)∧(Rn)→(A)

ANL A, data ; (A)∧(data)→(A)

ANL data, A ; (data)∧(A)→(data)

ANL A, @Ri ; (A)∧((Ri))→(A)

6) 逻辑或指令：常用来对字节中的某些位置"1"，要保留的位用"0"相或，要置 1 的位用"1"相或。

ORL A, #data ; (A)∨data→(A)

ORL data1, #data2 ; (data1)∨data2→(data1)

ORL A, Rn ; (A)∨(Rn)→(A)

ORL A, data ; (A)∨(data)→(A)

ORL data, A ; (data)∨(A)→(data)

ORL A, @Ri ; (A)∨((Ri))→(A)

7) 逻辑异或指令：常用来对字节中的某些位取反，要保留的位用"0"异或，要求反的位用"1"异或。

XRL A, #data ; (A)⊕data→(A)

XRL data1, #data2 ; (data1)⊕data2→(data1)

XRL A, Rn ; (A)⊕(Rn)→(A)

XRL A, data ; (A)⊕(data)→(A)

XRL data, A ; (data)⊕(A)→(data)

XRL A, @Ri ; (A)⊕((Ri))→(A)

4. 控制转移类指令

(1) 无条件转移指令(4 条)

1) 长转移指令：

LJMP addr16 ; addr16→PC

该指令把指令码中的 addr16 送入程序计数器 PC，使机器执行这条指令时，无条件转移到 addr16 处执行程序，由于 addr16 是一个 16 位二进制地址（即地址范围为 0000H ~ FFFFH）。因此 LJMP 指令是可以在 64KB（即 0000H ~ FFFFH）范围内转移的指令。

2）绝对转移指令：

AJMP addr11　；PC + 2 + addr11→PC

该指令是一条双字节、双周期指令，执行时分两步：首先取指令操作码，PC 中的内容被加 1，再加 1，即加 2；然后把 addr11 放到 PC 指针的 16 位寄存器的低 11 位，高 5 位保持不变。目标地址的寻址范围为从下一条指令开始的 2KB 空间（即 00 ~ 7FH）。

3）相对转移指令：

SJMP rel

该指令中 rel 是一个带符号的相对偏移量，范围大小为 -128 ~ 127。

4）散转移指令：

JMP @ A + DPTR

该指令把 A 中的 8 位无符号数与作为基地址寄存器的 DPTR 中的 16 位数相加，送入 PC 中。

（2）条件转移类指令

JZ rel　；$\begin{cases} A = 0 \text{ 时，则转移，PC} + 2 + \text{rel→PC} \\ A \neq 0 \text{ 时，则顺次执行} \end{cases}$

JNZ rel　；$\begin{cases} A = 0 \text{ 时，则顺次执行} \\ A \neq 0 \text{ 时，则转移，PC} + 2 + \text{rel→PC} \end{cases}$

$\left. \begin{array}{l} \text{CJNE A, data, rel} \\ \text{CJNE A, #data, rel} \\ \text{CJNE Rn, #data, rel} \\ \text{CJNE @ Ri, data, rel} \end{array} \right\}$ 通过比较两个操作数的大小是否相等，决定是否转移，

$\begin{cases} \text{相等则顺次执行，且 C = 0} \\ \text{不相等则转移，PC} + 2（\text{或 3}）+ \text{rel→PC，} \end{cases}$ $\begin{cases} \text{若操作数 1 > 操作数 2，则 C = 0} \\ \text{若操作数 1 < 操作数 2，则 C = 1} \end{cases}$

$\left. \begin{array}{l} \text{DJNZ Rn, rel} \\ \text{DJNZ data, rel} \end{array} \right\}$ 通过判断目的操作数中的值减 1 之后是否为零，决定是否转移，

$\begin{cases} \text{不为零，则转移，PC} + 3 + \text{rel→PC} \\ \text{为零，则顺次执行} \end{cases}$

（3）调用子程序及返回指令

1）长调用指令：

LCALL addr16　；（PC）+3→（PC），（SP）+1→（SP），
　　　　　　　　；（$PC_{7~0}$）→SP，（SP）+1→（SP），
　　　　　　　　；（$PC_{15~8}$）→SP，（PC）←addr16

长调用指令后面跟的是 16 位地址，这样它的寻址范围位 64KB，即可调用 64KB 范围内的子程序。

2）绝对调用指令：

ACALL addr11　；（PC）+2→（PC），（SP）+1→（SP），

　　　　　　　；（PC$_{7\sim0}$）→SP，（SP）+1）→（SP），

　　　　　　　；（PC$_{15\sim8}$）→SP，（PC$_{10\sim0}$）←addr11

绝对调用指令后面跟的是个 11 位的地址，即寻址范围为 2KB，可以调用 2KB 范围内的子程序。

3）子程序返回指令：

RET　；（SP）→（PC$_{15\sim8}$），（SP）-1→（SP），

　　　；（SP）→（PC$_{7\sim0}$），（SP）-1→（SP）

子程序返回指令只能用在子程序末尾。

4）中断返回指令：

RETI

中断返回指令只能用在中断服务程序末尾，机器执行 RETI 指令后，除返回源程序断点处执行外，还将清除相应总优先级状态位，以允许单片机响应低优先级的中断请求。

（4）空操作指令

NOP

执行空操作指令时，除了 PC 加 1 外，CPU 不进行任何操作，而转向下一条指令去执行，常用来产生一个机器周期的延时。

5. 位操作类指令

（1）位数据传送指令

MOV C，bit　　；（bit）→C

MOV bit，C　　；C→（bit）

（2）位状态控制指令

CLR C　　　　　；C 清零

CLR bit　　　　 ；（bit）清零

CPL C　　　　　；C 取反

CPL bit　　　　 ；（bit）取反

SETB C　　　　 ；C 置 1

SETB bit　　　　；（bit）置 1

（3）位逻辑运算指令

ANL C，bit　　 ；C∧（bit）→C

ANL C，/bit　　；C∧（$\overline{bit}$）→C

ORL C，bit　　 ；C∨（bit）→C

ORL C，/bit　　；C∨（$\overline{bit}$）→C

（4）位条件转移指令

JC rel　　　　　；$\begin{cases} C \neq 0，则转移，PC+2+rel \to PC \\ C=0，则顺次执行 \end{cases}$

JNC rel　　　　 ；$\begin{cases} C \neq 0，则顺次执行 \\ C=0，则转移，PC+2+rel \to PC \end{cases}$

$$\text{JB bit，rel　；}\begin{cases}(\text{bit})\neq0，则转移，\text{PC}+3+\text{rel}\rightarrow\text{PC}\\(\text{bit})=0，则顺次执行\end{cases}$$

$$\text{JNB bit，rel　；}\begin{cases}(\text{bit})\neq0，则顺次执行\\(\text{bit})=0，则转移，\text{PC}+3+\text{rel}\rightarrow\text{PC}\end{cases}$$

$$\text{JBC bit，rel　；}\begin{cases}(\text{bit})\neq0，0\rightarrow\text{bit}，则转移，\text{PC}+3+\text{rel}\rightarrow\text{PC}\\(\text{bit})=0，则顺次执行\end{cases}$$

1.5.4　汇编语言程序设计

1. 程序设计语言

计算机程序设计语言是指计算机能够理解和执行的语言，它随着计算机的诞生而诞生，随着计算机的发展而发展。迄今为止，计算机程序设计语言很多，通常分为机器语言、汇编语言和高级语言等三类。

（1）机器语言　机器语言(Machine Language)是一种能被计算机直接识别和执行的语言。它有两种表示形式：

1）二进制形式：由二进制代码"0"、"1"构成，可以直接存放在计算机存储器内。

2）十六进制形式：由"0~F"共16个字符组成，是人们通常采用的一种形式。输入计算机后，由监控程序翻译成二进制形式，以供机器直接执行。

机器语言不易为人们识别和读/写，用机器语言编写程序具有难编写、难读懂、难查错和难交流等缺点，因此，人们通常不再用它来进行程序设计。

（2）汇编语言　汇编语言(Assembly Language)是一种用来替代机器语言进行程序设计的语言。它由助记符、保留字和伪指令等组成，很容易被人们识别、记忆和读/写，故有时也称为符号语言。

采用汇编语言编写的程序叫做汇编语言程序，这类程序虽然不能被计算机直接执行，但它可以被汇编程序翻译成机器语言程序。

汇编程序(Assembler)是由计算机软件公司编写的，可以驻留在微型计算机开发系统的程序存储器内，也可以存放在硬盘上，使用时调入系统内存。

汇编语言并不局限于具体机器，是一种非常通用的低级程序设计语言。采用汇编语言编程，用户可以直接操作到单片机内部的工作寄存器和片内 RAM 单元，能把数据的处理过程表述得非常具体。所以说，汇编语言程序设计可以在空间和时间上充分发掘微型计算机的潜力，广泛应用于编写实时控制程序。

（3）高级语言　高级语言(High-level Language)是面向过程和问题并能独立于机器的通用程序设计语言，是一种接近人们自然语言和常用数学表达式的计算机语言。

人们在利用高级语言编程时，可以不去了解机器内部结构而把主要精力集中于掌握语言的语法规则和程序的结构设计方面。

采用高级语言编写的程序是不能被机器直接执行的，但可以被编译成目标代码，然后由 CPU 执行。

2. 汇编语言的格式

人们根据题目要求，采用汇编语言编写的程序称为汇编语言源程序，这种程序不能被 CPU 直接识别和执行，必须由人工和机器把它翻译成机器语言，才能被计算机执行。

为了使机器能够识别和正确进行汇编，人们必须对汇编语言的格式和语法规则作出规定。用户在进行程序设计时，必须严格遵循汇编语言的格式和语法规则，才能编出符合要求的汇编语言源程序。

汇编语言直接面向机器，因机器不同而异，对 MCS-51 系列单片机来说，汇编语言中的每条语句应当符合典型的四分段格式。

标号段	操作码段	操作数段	注释段

在此格式中，标号段与操作码段之间用"："相隔；操作码段与操作数段间用"空格"相隔；两个操作数之间用"，"相隔；操作数段与注释段之间用"；"相隔。

（1）标号段　位于一条语句的开头，用于存放语句的标号，来指明标号所在指令操作码字节在内存的地址，又称为标号地址或符号地址。

由以大写英文字母开头的字母和数字串组成，长度为 1~8 个字符，在超过 8 个字符时，汇编程序自动舍去超过的部分。

注意：不能用指令助记符、寄存器号以及伪指令符等作为标号，而且同一标号不能在同一程序中的不同语句中使用。

（2）操作码段　可以是指令的助记符，也可以是伪指令和宏指令的助记符，这一字段是任何语句不可缺少的，汇编程序根据这一字段生成目标代码。

（3）操作数段　用于存放指令的操作数或操作数地址，操作数个数因指令不同而不同，通常有双操作数、单操作数和无操作数三种。

在 MCS-51 系列单片机的汇编中，操作数通常有以下 5 种合法表示方式：

1）操作数的二进制、十进制和十六进制形式。

2）工作寄存器和特殊功能寄存器。

3）标号地址。

4）带加减运算符的表达式。

5）采用$符。

（4）注释段　用于注解指令或程序的含义。

注意：一行不够写，需另起一行时，必须仍以"；"开头。

3. 汇编语言的构成

汇编语言是汇编语言语句的集合，是构成汇编语言源程序的基本元素，也是汇编语言程序设计的基础。汇编语言因机器而异，常可分为指令性语句和指示性语句两类。

（1）指令性语句　指示性语句是指采用指令助记符构成的汇编语言的集合，同样必须符合汇编语言的语法规则。

对 MCS-51 系列单片机而言，指令性语句是指 111 条指令的助记符语句，因此指令性语句很多，是汇编语言语句的主体，也是人们进行汇编语言程序设计的基本语句。

每条指令性语句都有与之对应的指令码，并由机器在汇编时翻译成目标代码，以供 CPU 执行。

（2）指示性语句　指示性语句又称为伪指令语句，简称伪指令。伪指令并不是真正的指令，而是一种假指令，虽然它具有和指令类似的形式，但并不会在汇编时产生可供机器直接执行的机器码，也不会直接影响存储器中代码和数据的分布。

伪指令是在机器汇编时供汇编程序识别和执行的命令，可以用来对机器的汇编过程进行某种控制，令其进行一些特殊操作。

MCS-51 的汇编语言中，常用的伪指令有如下 8 条：

1）ORG 伪指令：起始汇编伪指令，常用于汇编语言源程序或数据块开头，用来指示汇编程序开始对源程序进行汇编。

格式：【标号：】ORG 16 位地址或标号

注意：指令格式中【】内的部分可根据实际情况取舍（本节后面出现此符号的含义与此相同，不再赘述）。

在机器汇编时，当汇编程序检测到该语句时，它就把该语句的下一条指令或数据的首字节按 ORG 后边的 16 位地址或标号存入相应存储单元中，其他字节和后续指令字存放在后面的存储单元中。

例如：

```
            ORG    2000H
START：MOV    A，#64H
            ⋮
            END
```

2）END 伪指令：结束汇编伪指令，常用于汇编语言源程序末尾，用来指示源程序到此全部结束。

格式：【标号:】END

在机器汇编时，当汇编程序检测到该语句时，它就确认汇编语言源程序已经结束，对END 后面的指令都不予汇编。因此，一个源程序只能有一个 END 语句，而且必须放在整个程序的结尾。

3）EQU 伪指令：赋值伪指令。

格式：字符名称 EQU 数据或汇编符

在机器汇编时，EQU 伪指令为汇编程序识别后，汇编程序自动把 EQU 右边的"数据或汇编符"赋给左边的"字符名称"。

一旦"字符名称"被赋值，它就可以在程序中作为一个数据或地址来使用。因此，"字符名称"所赋的值可以是一个 8 位二进制数或地址，也可以是一个 16 位二进制数或地址。

例如：

```
            ORG     0200H
AA   EQU    R1
A10 EQU    10H
            MOV    A，AA
DELAY：MOV    R0，A10
            MOV    A，AA
            ⋮
            LCALL DELAY
            ⋮
            END
```

注意：

① EQU 伪指令中的"字符名称"必须先赋值后使用，故该语句通常放在源程序的开头；

② 在 51 汇编程序中，EQU 定义的"字符名称"不能在表达式中运算。

4）DATA 伪指令：数据地址赋值伪指令。

格式：字符名称 DATA 表达式

DATA 伪指令功能与 EQU 伪指令类似，它可以把 DATA 右边"表达式"的值赋给左边的"字符名称"。这里，"表达式"可以是一个数据或地址，也可以是一个包含所定义"字符名称"在内的表达式，但不能是汇编符号。

DATA 与 EQU 的主要区别：

① EQU 伪指令定义的"字符名称"必须先定义后使用，放在源程序的开头；

② DATA 伪指令定义的"字符名称"没有这种限制，通常用在源程序的开头或结尾。

DATA 伪指令一般用来定义程序中所用的 8 位或 16 位数据地址，但也有些汇编程序只允许 DATA 语句定义 8 位的数据或地址，16 位地址需用 XDATA 伪指令定义。

例如：

```
        ORG     0200H
    AA  DATA    35H
DELAY：MOV     A, AA
        ⋮
        LCALL   DELAY
        ⋮
        END
```

5）DB 伪指令：定义字节（Define Byte）伪指令，常用来为汇编语言源程序在内存的某区域中定义一个或一串字节。

格式：【标号：】DB 项或项表

DB 伪指令能把它右边"项或项表"中的数据依次存放在以左边标号为起始地址的存储单元中。"项或项表"中的数可以是一个 8 位二进制数或用逗号分开的一串 8 位二进制数。8 位二进制数可以采用二进制、十进制、十六进制和 ASCII 码等多种形式。

例如：

```
        ORG     0200H
START： MOV     A, #64H
        ⋮
TAB：   DB 45H, 73, 01011010B, '5', 'A'
        ⋮
        END
```

上述程序汇编时，汇编程序自动把 TAB 单元置成 45H，TAB + 1 单元置成 49H（即 73 的二进制数的十六进制表示形式），并依次把 TAB + 2 单元置成 5AH，TAB + 3 单元置成 35H，依次 TAB + 3 单元置成 41H。

6）DW 伪指令：定义字（Define Word）伪指令。

格式：【标号:】DW　项或项表

DW 与 DB 类似，主要区别在于 DB 定义的是 1B，而 DW 定义的是一个字（即 2B），因此 DW 伪指令主要用来定义 16 位地址（高 8 位在前，低 8 位在后）。

例如：

```
          ORG      0200H
START:    MOV      A, #20H
          ⋮
          ORG      1520H
HETAB:    DW       1234H, 8AH, 10
          ⋮
          END
```

执行完该程序后（1520H）= 12H，（1521H）= 34H，（1522H）= 00H，（1523H）= 8AH，（1524H）= 00H，（1525H）= 0AH。

7）DS 伪指令：定义空间伪指令。

格式：【标号:】DS　表达式

该语句中"表达式"常为一个数值。DS 语句可以指示汇编程序从它的标号地址开始预留一定数量的内存单元，以备源程序执行过程中使用。预留的数量由 DS 语句中"表达式"的值决定。

例如：

```
          ORG      0200H
START:    MOV      A, #20H
          ⋮
SPC:      DS       08H
          DB       25H
          ⋮
          END
```

汇编程序对上述源程序汇编时，碰到 DS 语句便自动从 SPC 地址开始预留 8 个连续内存单元，第 9 个存储单元（SPC + 8）存放 25H。

8）BIT 伪指令：位地址伪指令。

格式：字符名称 BIT　位地址

BIT 伪指令把 BIT 右边的位地址赋给左边的"字符名称"，因此 BIT 语句定义过的"字符名称"是一个符号位地址。

例如：

```
     ORG   0200H
A2   BIT   P1.0
     MOV   A2, C
     ⋮
     END
```

有时候可以用 EQU 指令代替 BIT 指令，但使用 EQU 指令时，右边必须采用物理地址，即直接地址，如可以用 90H，但不能用 P1.0。

4. 汇编语言程序设计方法

在单片机应用中，绝大部分实用程序都是采用汇编语言编写的，因此汇编语言程序设计不仅关系到单片机控制系统的特性和效率，而且还和控制系统本身的硬件结构有关。为了编出质量高和功能强的实用程序，设计者一方面要争取理解程序的目标和步骤，另一方面还要掌握汇编语言源程序的汇编原理和方法。

（1）汇编语言程序设计步骤　根据任务要求，采用汇编语言编制程序的过程，称为汇编语言程序设计。一个应用程序的编制，从拟制设计任务书直到所编程序的调试通过，通常分为一下 6 步：

1）拟制设计任务书。这是一个收集资料和项目调研过程，设计者根据设计要求到现场进行实地考察，并根据国内外情况写出比较翔实的设计任务书，必要时还应聘请有关专家帮助论证。设计任务书应包括：程序功能、技术指标、准确度等级、实施方案、工程进度、所需设备、研制费用和人员分工等。

2）建立数学模型。在弄清设计任务书基础上，设计者应把控制系统的计算任务或控制对象的物理过程，抽象和归纳为数学模型。数学模型是多种多样的，可以是一系列的数学表达式，可以是数学的推理和判断，也可以是运行状态的模拟等。

3）确立算法。根据被控对象的实时过程和逻辑关系，设计者必须把数学模型演化为计算机可以处理的形式，并拟制出具体的算法和步骤。同一数学模型，往往有几种不同的算法，设计者应对各种不同算法进行分析和比较，从中找出一种切合实际的最佳算法。

4）绘制程序流程图。这是程序的结构设计阶段，也是程序设计前的准备阶段。对于一个复杂的设计任务，还应根据实际情况确定程序的结构设计方法（如模块化程序设计、自顶向下程序设计等），把总设计任务划分为若干子程序即子模块，并分别绘制出相应的程序流程图。因此，程序流程图不仅可以体现程序的设计思想，而且可以使复杂问题简化。

程序流程图是使用各种图形、符号、有向线段等来说明程序设计过程的一种直观的表示。

5）编制汇编语言源程序。汇编语言源程序的编制是根据程序流程图进行的，也是设计者充分施展才华的地方。设计者应在掌握程序设计基本方法和技巧的基础上，注意所编制程序的可读性和正确性，必要时应在程序的适当位置加上注释。

6）上机调试。上机调试可以检验程序的正确性，也是任何有使用价值的程序设计无法省略的阶段，因为任何程序编写完成后难免会有缺点和错误，只有通过上机调试和运行才能比较容易发现和纠正。

编写的程序在上机调试前必须汇编成目标机器码，以便在计算机上调试和运行。如果汇编不能通过，则说明源程序中有错误或使用了不合法语句，调试者应根据汇编时指出的错误类型对汇编源程序作出修改，直到可以通过汇编为止。

汇编通过的程序才能在机器上调试和执行，但上机调试不一定能够通过，调试未通过的原因可能有两条：一是程序中存在一般性为题，经过修改后便可通过；二是程序有重大问题，这时必须更改程序流程图中的其他部分，才能上机调试通过。

　　各子模块分调完成后，还应逐步挂接其他子模块，以实现程序的联调。联调时的情况和分调类似，也会发现不少错误。

　　联调通过后的程序还必须试运行，即在所设计系统的硬件环境下运行，试运行应先在实验条件下进行，然后才到现场进行。

　　（2）汇编语言编程方法

　　1）程序功能模块化的优点。实际的应用程序一般都由一个主程序（包括若干个功能模块）和多个子程序构成。每一个程序模块都能完成一个明确的任务，实现某个具体功能，如发送、接收、延时、显示、打印等。采用模块化的程序设计方法，有下述优点：

　　① 单个模块结构的程序功能单一，易于编写，调试和修改。

　　② 便于分工，可使多个程序员同时进行程序的编写和调试工作，加快软件研制进度。

　　③ 程序可读性好，便于功能扩充和版本升级。

　　④ 对程序的修改可局部进行，其他部分可以保持不变。

　　⑤ 对于使用频繁的子程序可以建立子程序库，便于多个模块调用。

　　2）划分模块的原则。在进行模块划分时，应首先弄清楚每个模块的功能，确定其数据结构以及与其他模块的关系；其次，要对主要任务进一步细化，把一些专用的子任务交由下一级，即第二级子模块完成，这时也需要弄清楚它们之间的相互关系，按这种方法一直细分成易于理解和实现的小模块为止。

　　模块划分有很大的灵活性，但也不能随意划分，划分模块时应遵循下述原则：

　　① 每个模块应具有独立的功能，能产生一个明确的结果，这就是单模块功能的高内聚性。

　　② 模块之间的控制耦合应尽量简单，数据耦合应尽量少，这就是模块间的低耦合性。控制耦合是指模块进入和退出的条件及方式，数据耦合是指模块间的信息交换（传递）方式，交换量的多少及交换的频繁程度。

　　③ 模块长度适中，模块语句的长度通常在20～100条语句的范围较合适。模块太长时，分析和调试比较困难，失去了模块化程序结构的优越性；模块太短时，模块连接太复杂，信息交换太频繁，因而也不合适。

　　（3）汇编语言编程技巧　在进行程序设计时，应注意以下事项及技巧：

　　1）尽量采用循环结构和子程序。这样可以使程序的总容量大大减少，提高程序的效率，节省内存。多重循环时，要注意各重循环的初值和循环结束的条件。

　　2）尽量少用无条件转移指令。

　　3）对于通用的子程序，考虑到其通用性，除了用于存放子程序入口参数的寄存器要压入堆栈，子程序中用到的其他寄存器的内容也应压入堆栈（返回前再弹出），即保护现场。

　　4）由于中断请求是随机产生的，所以在中断处理程序中，除了要保护处理程序中用到的寄存器外，还要保护标志寄存器。因为在中断处理过程中，难免对标志位产生影响，而中断处理结束后返回主程序时，可能会遇到以中断前的状态标志为依据的条件转移指令，如果标志位被破坏，整个程序就被打乱了。

　　5）累加器是信息传递的枢纽。编程过程中可利用累加器 A 的灵活性进行数据的传送和处理。

5. 汇编语言源程序的汇编

汇编语言源程序在上机调试前必须翻译成目标机器码，才能被 CPU 执行。这种能把汇编语言源程序翻译成目标代码的过程称为汇编。通常，汇编语言源程序的汇编可以分为人工汇编和机器汇编两类。

（1）人工汇编　人工汇编是指利用人脑直接把汇编语言源程序翻译成机器码的过程，有时也称为程序的人工"仿真"。

人工汇编时，是把程序用助记符指令写出后，再通过手工方式查指令编码表，逐个把助记符指令"翻译"成机器码，然后把得到的机器码程序键入单片机，进行调试和运行。

人工汇编是通过绝对地址进行定位的，因此汇编工作有两点不便之处：一是偏移量的计算，手工汇编时，要根据转移的目标地址以及地址差计算转移指令的偏移量，不但麻烦而且稍有疏忽就很容易出错；二是程序的修改，手工汇编后的目标程序，如需要增加、删除、修改指令，会引起后面各条指令地址的变化，转移指令的偏移量也要随之重新计算，所以人工汇编是一种很麻烦的方法，通常很少用。

（2）机器汇编　机器汇编是用机器代替人脑的一种汇编方法，是机器自动把汇编语言源程序翻译成目标代码的过程。完成这一翻译工作的机器是系统机，即 PC，给系统机输入源程序的是人，完成这一翻译工作的软件是"汇编程序"。也就是说，机器汇编通常是在 PC 上进行的，通过执行"汇编程序"来对源程序进行汇编。汇编后，再由 PC 把生成的目标程序加载到用户样机上。

第2章 51系列单片机软件实训

用汇编语言编写程序的过程大致可分为以下几个步骤：

1）确定计算方法，定出运算步骤和顺序，把运算过程画成框图。

2）确定数据（包括工作单元的数量），分配存放单元。

3）按所使用计算机的指令系统，把确定的运算顺序（框图或流程图）写成汇编语言程序。

在进行程序设计时，必须根据实际问题和所使用计算机的特点来确定算法，然后按照尽可能节省数据存放单元、缩短程序长度和加快运算时间三个原则编制程序。

2.1 分支程序设计

2.1.1 分支程序基础知识

分支程序的特点是程序中有转移指令。由于转移指令有无条件转移和有条件转移之分，因此分支程序也可分为无条件分支程序和有条件分支程序两类。无条件分支程序中含有无条件转移指令，比较简单。条件分支程序体现了计算机执行程序时的分析判断能力：若某条件满足，则机器就转移到另一个分支上执行程序；若条件不满足，则机器就按源程序继续执行。

51系列单片机，条件转移指令共有13条，分为累加器A判零转移指令、比较不相等转移指令、减1不为零转移指令和位控制转移指令4类。因此，汇编语言源程序的分支程序设计实际上就是如何运用这13条转移指令进行编程的问题。

2.1.2 分支程序实验

1. 实验目的

1）通过实验了解分支程序的设计方法。

2）通过实验了解数值转换成二进制ASCII码的方法。

3）学习使用Keil μVision2集成开发环境。

2. 实验内容与原理

（1）实验内容 已知R0低4位有一个十六进制数（0～F中的一个），请通过编程把它转换成相应ASCII码并送入30H。

（2）实验原理 ASCII码（American Standard Code Information Interchange）是美国信息交换标准代码的简称，诞生于1963年，广泛应用于微型计算机中。ASCII码采用一个字节的低7位进行编码，共可表示128个字符。由常用ASCII码（见表2-1）可知，0～9的ASCII码为30H～39H，即十进制与ASCII码二者相差30H；A～F的ASCII码为41H～46H，即十进制与ASCII码二者相差37H。所以本实验中，若R0≤9，则R0内容只需加30H；若R0>9，则 R0 内容需加 37H，分支程序流程图如图 2-1 所示。

表 2-1　常用 ASCII 码

代码	字符	代码	字符	代码	字符	代码	字符	代码	字符
32		51	3	70	F	89	Y	108	l
33	!	52	4	71	G	90	Z	109	m
34	"	53	5	72	H	91	[	110	n
35	#	54	6	73	I	92	\	111	o
36	$	55	7	74	J	93	]	112	p
37	%	56	8	75	K	94	^	113	q
38	&	57	9	76	L	95	_	114	r
39	'	58	:	77	M	96	`	115	s
40	(	59	;	78	N	97	a	116	t
41	)	60	<	79	O	98	b	117	u
42	*	61	=	80	P	99	c	118	v
43	+	62	>	81	Q	100	d	119	w
44	,	63	?	82	R	101	e	120	x
45	–	64	@	83	S	102	f	121	y
46	.	65	A	84	T	103	g	122	z
47	/	66	B	85	U	104	h	123	{
48	0	67	C	86	V	105	i	124	l
49	1	68	D	87	W	106	j	125	}
50	2	69	E	88	X	107	k	126	~

3. 实验仪器与器件

装有 Keil μVision2 软件的计算机一台。

4. 实验步骤

1）运行 Keil μVision2 软件，新建一个项目，新建一个文件，将文件添加到工程中并编译，如有错，应更改直到编译成功。

2）单击"Debug"菜单，在打开的下拉菜单中单击"Start/Stop Debug Session"（或者使用快捷键 Ctrl + F5）进入调试模式，进行调试。

3）在存储器窗口中输入 D：30H，然后单步执行，查看 30H 单元值的变化情况。

5. 参考程序

```
ORG      0000H
CLR      C
MOV      R0,#16H
MOV      A,R0
```

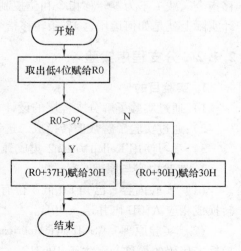

图 2-1　分支程序流程图

```
            ANL       A,#0FH              ;取低 4 位数
            CJNE      A,#10,NEXT1
NEXT1：JNC           NEXT2
            ADD       A,#30H              ;小于等于 9,加 30H
            SJMP      DONE
NEXT2：ADD          A,#37H              ;大于 9,加 37H
DONE：MOV           30H,A               ;存储结果
            SJMP      $
            END
```

6. 实验报告

1）写出实验程序。

2）进行调试。

3）记录调试过程。

2.1.3　巩固与拓展练习

已知 VAR 单元中有一个自变量 X，请按如下条件编程求函数值 Y，并将它存入 FUNC 单元，其中 VAR 代表 30H 单元，FUNC 代表 31H 单元。

$$Y = \begin{cases} 1, & X > 0 \\ 0, & X = 0 \\ -1, & X < 0 \end{cases}$$

2.2　循环程序设计

2.2.1　循环程序基础知识

循环程序的特点是程序中含有可以重复执行的程序段，该程序段通常称为循环体。例如，求 100 个数的累加和，无需连续安排 100 条加法指令，而可以只用一条，使之循环执行 100 次。由此可见，循环程序设计不仅可以缩短程序的长度，还可以减小程序所占内存空间，同时还可使程序结构紧凑，可读性变好。

1. 循环程序的组成

（1）循环初始值　初始化程序位于循环程序的开头，是用来设置循环过程中工作单元的初始值。例如，设置循环次数计数器、地址指针初值，存放结果的单元初值等。

（2）循环体　循环体是重复执行的程序段部分，要求编写得尽可能简练，以提高程序的执行速度。

（3）循环修改　一般用一个工作寄存器 Rn 作为计数器，给这个计数器赋初值即为循环次数，每循环一次，对其进行一次修改。也就是说，循环修改部分一般由循环计数修改和条件转移语句组成，用来控制循环的次数。

（4）循环控制　判断控制变量是否满足条件，不满足就重复执行，满足则退出循环。

2. 两种编程方法

1）循环体先循环处理后循环控制，即先处理后判断。

2）循环体先循环控制后循环处理，即先判断后处理。

2.2.2　循环程序实验

1. 实验目的

1）通过实验了解循环程序的设计方法。

2）通过实验了解多个数据相加的程序设计方法。

3）学习使用 Keil μVision2 集成开发环境。

2. 实验内容与原理

（1）实验内容　设 Xi 均为单字节数据，并按 $i(i=1\sim n)$ 的顺序存放在从 50H 开始的内部 RAM 单元中，$n=10$。现在要求编程求出它们的和（双字节），并放在 30H、31H 中。

（2）实验原理　本实验要求 10 个数的和，使用循环程序只需要写一遍加法程序段，然后使其重复 10 次即可。程序开始时先设初值，设置循环次数计数器、地址指针初值、存放结果的单元初值，然后进入循环体，取数相加，求和，再进行地址修改，循环判断，判断是否需要继续求和。如需继续，转回到循环体开始，否则结束程序。循环程序流程图如图 2-2 所示。

3. 实验仪器与器件

装有 Keil μVision2 软件的计算机一台。

4. 实验步骤

1）运行 Keil μVision2 软件，新建一个工程，新建一个文件。将文件添加到工程中并编译，如有错，请更改直到编译成功。

2）单击"Debug"菜单，在打开的下拉菜单中单击"Start/Stop Debug Session"（或者使用快捷键 Ctrl + F5）进入调试模式，进行调试。

3）在存储器窗口中输入 D：30H，然后单步执行，查看 30H、31H 单元值的变化情况。

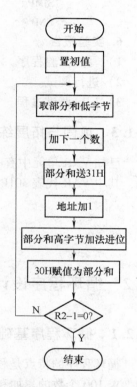

图 2-2　循环程序流程图

5. 参考程序

```
        ORG   0000H
        MOV   50H,#01H
        MOV   51H,#02H
        MOV   52H,#03H
        MOV   53H,#04H
        MOV   54H,#05H
        MOV   55H,#06H
        MOV   56H,#07H
        MOV   57H,#08H
        MOV   58H,#09H
        MOV   59H,#0AH
ADD1：  MOV   30H,#00H        ;设置存放结果的单元初值
```

```
        MOV     31H,#00H
        MOV     R2,#10          ;设置循环计数器初值
        MOV     R0,#50H         ;设置地址指针初值
LOOP:   MOV     A,31H
        ADD     A,@ R0
        MOV     31H,A           ;和的低字节存放在 31H
        INC     R0              ;地址指针修改
        CLR     A
        ADDC    A,30H
        MOV     30H,A           ;高字节存放在 30H
        DJNZ    R2,LOOP         ;循环判断是否结束
        SJMP    $
        END
```

6. 实验报告

1）写出实验程序。

2）进行调试。

3）记录调试过程。

2.2.3　巩固与拓展练习

已知以 BLOCK1 和 BLOCK2 为起始地址的存储区中分别有 5B 无符号被减数和减数（低位在前,高位在后）,请编写程序令它们相减并把差放入以 BLOCK1 为起始地址的存储单元。（其中 BLOCK1 代表 30H 单元,BLOCK2 代表 40H 单元）。

2.3　查表程序设计

2.3.1　查表程序基础知识

在许多情况下,本来通过计算机才能解决的问题,也可以通过查表方法解决,而且要简便得多,因此在实际单片机应用中,常常需要编制查表程序来缩短程序长度和提高程序执行效率。

查表是根据存放在存储器中的数据表格的项数来查找和它对应的表中值。例如：查 $y = x^2$（设 $x = 0 \sim 9$）的平方表时,可以预先计算出 x 为 $0 \sim 9$ 时的 y 值作为数据表格,存放在起始地址为 DTAB 的存储器中,并使 x 的值和数据表格的项数（即所查数据的实际地址对 DTAB 的偏移量）——一对应,就可以根据 DTAB + x 来找到和 x 对应的 y 值。

51 系列单片机有以下两条专门的查表指令：

1）MOVC A, @ A + DPTR

2）MOVC A, @ A + PC

采用第一条指令时,用 DPTR 存放数据表格的起始地址。查表过程比较简单,查表前需要把数据表格起始地址存入 DPTR,然后把所查表的项数送入到累加器 A,最后使用 MOVC A, @ A + DPTR 完成查表。

采用第二条指令查表时,分三步:第一步,使用传送指令把所查数据表格的项数送入累加器 A;第二步,使用 ADD A,#data 指令对累加器 A 进行修正,data 的值由公式(PC + data = 数据起始地址 DTAB)可以求得,其中 PC 是查表指令 MOVC A,@ A + PC 的下一条指令码的起始地址,即 data = 查表指令和数据表格之间的字节数;第三步,采用查表指令 MOVC A,@ A + PC 完成。

2.3.2 查表程序实验

1. 实验目的

1)通过实验了解查表指令的应用方法。

2)通过实验巩固数值转换成二进制 ASCII 码的方法。

3)学习使用 Keil μVision2 集成开发环境。

2. 实验内容与原理

(1)实验内容 已知 R0 低 4 位有一个十六进制数(0 ~ F),请编程求出其 ASCII 码并送入 30H 单元。

(2)实验原理 由 ASCII 码表可知 0 ~ 9 的 ASCII 码为 30H ~ 39H,A ~ F 的 ASCII 码为 41H ~ 46H。将 ASCII 码做成表,即可采用查表方式查到对应的 ASCII 码,查表程序流程图如图 2-3 所示。

3. 实验仪器与器件

装有 Keil μVision2 软件的计算机一台。

4. 实验步骤

1)运行 Keil μVision2 软件,新建一个工程,新建一个文件。将文件添加到工程中并编译,如有错,请更改直到编译成功。

2)单击"Debug"菜单,在打开的下拉菜单中单击"Start/Stop Debug Session"(或者使用快捷键 Ctrl + F5)进入调试模式,进行调试。

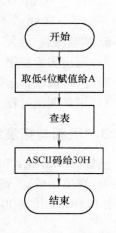

图 2-3 查表程序流程图

3)在存储器窗口中输入 D:30H,然后单步执行,查看 30H 单元值的变化情况。

5. 参考程序

```
        ORG     0000H
        MOV     R0,#16H
        MOV     A,R0
        ANL     A,#0FH
        MOV     DPTR,#ASCTAB
        MOVC    A,@ A + DPTR
        MOV     30H,A
        SJMP    $
ASCTAB:
        DB '1','2','3','4,'
        DB '5','6','7','8','9'
        DB 'A','B','C','D','E','F'
        END
```

6. 实验报告

1）写出实验程序。

2）进行调试。

3）记录调试过程。

2.3.3　巩固与拓展练习

把 1AH 转换成二进制 ASCII 码，再存入 30H、31H 中。

2.4　子程序设计

2.4.1　子程序基础知识

所谓子程序是指完成确定任务并能被其他程序反复调用的程序段，调用子程序的程序叫做主程序或调用程序。在主程序中只安排程序的主要线索，在需要调用某个子程序时，采用调用指令从主程序转入相应子程序执行，CPU 执行到子程序末尾的 RET 返回指令，返回到主程序断点处继续执行。

子程序常常可以构成子程序库，集中放在某一存储空间，供主程序随时调用，这样能使整个程序结构简单，缩短了程序设计时间，减少了对存储空间的占用。

子程序要完成某一专用任务，在结构上应具有通用性和独立性，在编写子程序时，应注意以下五点：

1）子程序的第一条指令地址称为子程序起始地址或入口地址，该指令前须有标号，标号习惯上以子程序任务命名，以便一看就一目了然，如延时程序常以 DELAY 作为标号。

2）主程序对子程序的调用由主程序中的调用指令实现，子程序返回主程序则由子程序末尾的一条 RET 返回指令实现。

3）调用子程序和返回主程序，计算机均能自动保护和恢复主程序的断点地址。但如需保护和恢复各工作寄存器、特殊功能寄存器和内存单元中的内容，须在子程序开头和末尾安排一些能够保护和恢复的指令。

4）为使所编子程序可以放在 64KB 内存的任何位置，并能被主程序调用，子程序内部必须使用相对转移指令，而不能使用其他转移指令。

5）子程序参数分为入口参数和出口参数两类：

入口参数是指子程序需要的原始参数，由调用它的主程序通过约定的工作寄存器 R0～R7、特殊功能寄存器 SFR、内存单元或堆栈等预先传送给子程序使用。

出口参数是由子程序根据入口参数执行程序后获得的结果参数，应由子程序通过约定的工作寄存器 R0～R7、特殊功能寄存器 SFR、内存单元或堆栈等预先传送给主程序使用。传送子程序参数的方法通常有以下几种：

1）利用寄存器或片内 RAM 传送子程序参数。

2）利用寄存器传送子程序参数地址。

3）利用堆栈传送子程序参数。

4）利用位地址传送子程序参数。

2.4.2　子程序实验

1. 实验目的

1）通过实验了解子程序的设计方法。

2）通过实验了解求平方程序的设计方法。

3）通过实验巩固查表程序的设计方法。

4）学习使用 Keil μVision2 集成开发环境。

2. 实验内容与原理

（1）实验内容　设 MDA 和 MDB 内有两数 a 和 b，请编出求 $c = a^2 + b^2$ 并把 c 送入 MDC 的程序，其中 a 和 b 皆为小于 10 的整数，MDA 为 20H 单元，MDB 为 21H 单元，MDC 为 22H 单元。

（2）实验原理　本实验程序由两部分组成：主程序——通过累加器 A 传送子程序的入口参数 a 和 b；子程序——通过累加器 A 传送出口参数 a^2 或 b^2 给主程序，子程序为求平方的通用子程序。

3. 实验仪器与器件

装有 Keil μVision2 软件的计算机一台。

4. 实验步骤

1）运行 Keil μVision2 软件，新建一个工程，新建一个文件。将文件添加到工程中并编译，如有错，请更改直到编译成功。

2）单击"Debug"菜单，在打开的下拉菜单中单击"Start/Stop Debug Session"（或者使用快捷键 Ctrl + F5）进入调试模式，进行调试。

3）在存储器窗口中输入 D：20H，然后单步执行，查看 22H 单元值的变化情况。

5. 参考程序

```
        ORG     1000H
        MDA     DATA 20H
        MDB     DATA 21H
        MDC     DATA 22H
        MOV     MDA,#05H
        MOV     MDB,#09H
        MOV     A,MDA
        ACALL   SQR             ;调用求平方子程序
        MOV     R1,A
        MOV     A,MDB
        ACALL   SQR             ;调用求平方子程序
        ADD     A,R1
        MOV     MDC,A
        SJMP    $
SQR:    ADD     A,#01H          ;求平方子程序
        MOVC    A,@ A + PC
        RET
```

```
SQRTAB:
    DB      0,1,4,9,16
    DB      25,36,49,64,81
    END
```

6. 实验报告

1）写出实验程序。

2）进行调试。

3）记录调试过程。

2.4.3　巩固与拓展练习

试编写双字节整数 BCD 码转换成二进制数的程序。[提示：$(d_3 d_2 d_1 d_0)_{BCD} = (d_3 \times 10 + d_2) \times 100 + (d_1 \times 10 + d_0)$，其中 $d_i \times 10 + d_{i-1}$ 运算可编写成子程序。]

第3章 51系列单片机硬件实训

51系列单片机主要由以下几部分组成：CPU系统(8位CPU、时钟电路、总线控制逻辑)、存储器系统(4KB的程序存储器、128B的数据存储器、特殊功能寄存器SFR)、4个并行I/O口、2个16位定时器/计数器、1个全双工异步串行口和中断系统(5个中断源,2个中断优先级),每一部分都有自己的功能。

3.1 51系列单片机的I/O接口

3.1.1 51系列单片机I/O接口基础知识

51系列单片机有4个8位的并行I/O接口(简称I/O口)P0、P1、P2和P3,其中P0、P1、P2为准双向接口,各接口均由锁存器、输出驱动器、输入缓冲器组成。各接口编址于特殊功能寄存器中,既有字节地址又有位地址。单片机跟外部信息的交换都是通过这些I/O口进行的。4个I/O口都可以用做输入/输出口,其中P0、P2通常用于对外部存储器的访问。P0口作为地址/数据复用口,分时输出外部存储器的低8位地址(A0~A7)和传送8位数据(D0~D7);P2口作为地址总线口使用,输出高8位地址(A8~A15)。

1. P0口

当系统不进行片外的ROM扩展,也不进行片外RAM扩展时,P0口用做通用I/O口;当系统进行片外的ROM扩展或进行片外RAM扩展时,P0口用做地址/数据总线,对外部存储器进行访问,分时输出外部存储器的低8位地址(A0~A7)和传送8位数据(D0~D7),此时是一个真正的双向接口。对端口写1时,P0口又可以作高阻抗输入端用。

2. P1口

P1口是唯一的单功能接口,仅能用做通用的数据I/O口。P1口的每一位都可以分别定义为输入/输出口,当用做输入方式时,需将"1"写入P1口。

3. P2口

当不需要在单片机芯片外部扩展程序存储器,仅扩展256B的片外RAM时,只用到了地址线的低8位,P2口仍可以作为通用I/O口使用。当需要对外部扩展程序存储器或扩展的RAM容量超过256B时,P2口一般作为地址总线使用,访问外部存储器,输出高8位地址线(A8~A15)。

4. P3口

P3口除用做普通的I/O口外,还有复用功能。各接口的第二功能定义如下:

1) P3.0,P3.1:串行通信I/O口。

2) P3.2,P3.3:外部中断0、1输入。

3) P3.4,P3.5:定时器0、1输入。

4) P3.6,P3.7:外部数据存储器"写"、"读"选通控制输出。

3.1.2　51 系列单片机 I/O 接口实验

1. 实验目的

通过实验学会使用 51 系列单片机 I/O 口的基本输入/输出功能。

2. 实验内容与原理

（1）实验内容　拨动开关，向 P0 口送数据；单片机从 P0 口输入状态数据后，再从 P1 口将该数据输出至发光二极管显示。

（2）实验原理　本实验使用 P0 口和 P1 口分别作为输入和输出，原理如图 3-1 所示。其中在 P0 口接开关作为 8 个输入端，为了使每拨动一个开关，实验现象更明显，在开关上接发光二极管，使二极管能随开关的拨动亮灭。在 P1 口接发光二极管作为输出端，编写程序将 P0 口的数据读入，再送入 P1 口读出，用发光二极管显示出来。

3. 实验仪器与器件

1）QSWD-PBD3 型单片机综合实验装置（单片机最小系统、开关模块、发光二极管显示模块）一台。

2）TKS-52B 型仿真器一只。

3）连接线数根。

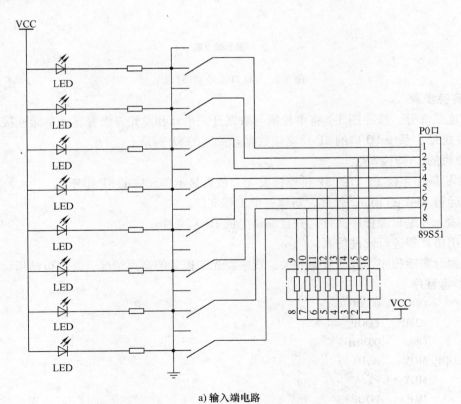

a) 输入端电路

图 3-1　I/O 口实验原理

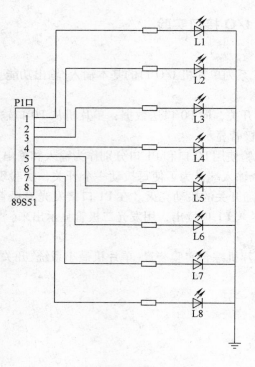

b) 输出端电路

图 3-1　I/O 口实验原理(续)

4. 实验步骤

1）连线部分。按照图 3-1 将单片机与数据开关单元和发光二极管显示单元连接起来：

单片机最小系统 P0 口的 8P 排座接数据开关区的 8P 排座；

单片机的$\overline{EA}$脚接 5V；

单片机最小系统 P1 口的 8P 排座接发光二极管显示单元区的 8P 排座。

2）运行 Keil μVision2 软件，新建一个工程文件。

3）输入并编辑源程序文件，并且编译生成 HEX 文件。

4）用仿真器进行硬件仿真。

5）运行实验程序，拨动数据开关，观察发光二极管的亮灭情况，并分析结果。

5. 参考程序

```
        ORG     0000H
        AJMP    LOOP
        ORG     0030H
LOOP:   MOV     A,P0
        MOV     P1,A
        JMP     LOOP
        END
```

6. 实验报告

1）画出实验原理图。

2）写出实验程序。

3）观察并记录开关拨动时二极管的显示情况。

3.1.3　巩固与拓展练习

将 P1 口接发光二极管，试编写程序实现广告灯效果，使 8 个 LED 左循环闪亮，然后右循环闪亮。

3.2　51 系列单片机定时器/计数器

3.2.1　51 系列单片机定时器/计数器基础知识

在单片机应用系统中，常常会有定时控制需求，或需要对外部事件进行计数。51 系列单片机内部集成有两个可编程的定时器/计数器：T0 和 T1。它们既可以工作于定时模式，也可以工作于外部事件计数模式。T1 还可以作为串行接口的波特率发生器。

1. 定时器/计数器概述

（1）结构　T0 和 T1 都有定时和计数两种功能，都可以由软件设置成定时工作方式或计数工作方式，都是一个 16 位的加 1 计数器。16 位的加 1 计数器由两个 8 位的特殊功能寄存器构成，用于存放定时或计数的初值。

（2）两种工作模式的工作原理

1）定时工作方式：定时器对片内振荡器输出的脉冲经 12 分频后的新信号进行计数，即每个机器周期都使定时器的数值加 1，直至计满溢出。

2）计数工作方式：通过 T0 或 T1 两个引脚对外部脉冲信号计数。

当输入脉冲信号产生一个 1→0 的下降沿时，定时器值加 1，即前一个周期采样值为 1，下一个机器周期采样值为 0，则计数器加 1。这样，要检测到一个 1→0 的跳变，就需要两个机器周期，又因为机器周期是振荡周期的 12 倍，所以最高计数频率为振荡频率 1/24。为了确保一个电平在变化之前至少被采样一次，要求电平保持时间至少是一个完整的机器周期，或大于一个机器周期。

2. 定时器/计数器的工作方式寄存器

定时器/计数器除了可以选择定时或计数工作方式外，每个定时器/计数器还有 4 种工作方式（工作方式 0 ~ 工作方式 3）。这 4 种工作方式的选择和控制是由两个工作方式寄存器 TMOD 和控制寄存器 TCON 决定的。

（1）工作方式寄存器 TMOD　该寄存器不能位寻址，只能用整字节写入来设置工作方式，复位时都清零。各位的含义如下：

	定时器 T1				定时器 T0			
	D7	D6	D5	D4	D3	D2	D1	D0
TMOD (89H)	GATE	C/$\overline{\text{T}}$	M1	M0	GATE	C/$\overline{\text{T}}$	M1	M0

1）M1、M0（工作方式控制位）：M0、M1 的 4 种工作方式见表 3-1。

表 3-1　M0、M1 的 4 种工作方式

M1	M0	工 作 方 式	功 能 描 述
0	0	0	13 位计数器
0	1	1	16 位计数器
1	0	2	自动重装载 8 位计数器
1	1	3	T0：分成两个 8 位计数器；T1：不工作

2）C/$\overline{\text{T}}$（计数工作方式/定时工作方式选择位）：

C/$\overline{\text{T}}$ = 0：设置为定时工作方式，定时器对片内脉冲进行计数，即对机器周期进行计数。

C/$\overline{\text{T}}$ = 1：设置为计数工作方式，对从 T0（P3.4）或 T1（P3.5）引脚引入的外部脉冲进行计数。

3）GATE（门控位）：

GATE = 0：只要软件使 TR0（或 TR1）置 1，就可以启动定时器，而不管 $\overline{\text{INT0}}$（或 $\overline{\text{INT1}}$）的电平是高还是低。

GATE = 1：只有 $\overline{\text{INT0}}$（或 $\overline{\text{INT1}}$）引脚为高电平，且软件把 TR0（或 TR1）置 1 时，才能启动定时器。

（2）控制寄存器 TCON　该寄存器可位寻址，也可字节寻址，复位时都清零。各位的含义如下：

	8FH	8EH	8DH	8CH	8BH	8AH	89H	88H
TCON （88H）	TF1	TR1	TF0	TR0	IE1	IT1	IE0	IT0

1）TF1：T1 的溢出标志位，当 T1 溢出时，由硬件自动中断计数，触发器使 TF1 置 1，并向 CPU 申请中断；当 CPU 响应中断进入中断服务程序后，TF1 又被硬件自动清零。TF1 也可以用软件清零。TF0：T0 的溢出标志位，功能和操作与 TF1 相同。

2）TR0：T0 运行控制位。TR1：T1 运行控制位。

3）IE0：外部中断 0 请求标志；IE1：外部中断 1 请求标志。

4）IT0：外部中断 0 触发方式选择位；IT1：外部中断 1 触发方式选择位。

3. 四种工作方式

（1）工作方式 0

1）TH0、TL0：该工作方式下，对于 T0、T1 来说工作方式是一样的，在这种工作方式下（以 T0 为例），定时器的高 8 位 TH0 和低 5 位 TL0 组成一个 13 位定时器/计数器，即 16 位的寄存器只用了 13 位。其中，TL0 的高 3 位未用，低 5 位做 13 位中的低 5 位；TH0 的高 8 位占用 13 位中的高 8 位。当 TL0 的低 5 位溢出时，向 TH0 进位；当 TH0 溢出时，向中断标志位 TF0 进位，并申请中断，T0 是否溢出可查询 TF0 是否被置 1，以产生 T0 中断。

2）C/$\overline{\text{T}}$：

C/$\overline{\text{T}}$ = 0，设置为定时工作方式，定时器对片内脉冲进行计数，即对机器周期进行计数。定时时间 $t = (2^{13} - \text{T0 初值}) \times$ 机器周期。

C/$\overline{\text{T}}$ = 1，设置为计数工作方式，对 T0（P3.4）或 T1（P3.5）引脚引入的外部脉冲进行计数。当外部发生由 1→0 跳变时，计数器加 1。

3）GATE：

GATE = 0 时，$\overline{\text{INT0}}$引脚不起作用，T0 的开启和关闭只受到 TR0 的影响。

GATE = 1 时，只有当 $\overline{INT0}$ 和 TR0 引脚都为 1 时，才能开启定时器 T0。这一特性，可以用来测量 $\overline{INT0}$ 引脚上出现的正脉冲宽度。

（2）工作方式 1　工作方式 1 与工作方式 0 几乎完全一样，唯一的差别是工作方式 0 是 13 位的计数器，而工作方式 1 是 16 位的计数器，其中低 8 位放在 TL0 中，高 8 位放在 TH0 中。由于计数器增为 16 位，所以定时时间为 $t = (2^{16} - T0\ 初值) \times 机器周期$。

（3）工作方式 2　工作方式 2 对于 T0、T1 来说工作方式一样，该工作方式下（以 T0 为例）16 位计数器被拆成 TL0 和 TH0，TL0 用做 8 位计数器，TH0 用以保存初值。在程序初始化时，TL0 和 TH0 由软件赋予相同的初值，若 TL0 计数溢出，便置位 TF0，并将 TH0 里的初值自动装入到 TL0 中。工作方式 2 用做定时器时，定时时间为 $t = (2^8 - T0\ 初值) \times 机器周期$；用于计数器时，最大计数长度为 $2^8 = 256$，计数个数 $N = 2^8 - X$。

（4）工作方式 3　该工作方式只适用于 T0，而 T1 不工作。T0 被拆成两个相互独立的 8 位计数器。其中，TL0 使用原 T0 的各控制位，TL0 除了是 8 位计数器外，其余跟工作方式 0、工作方式 1 完全一样；而 TH0 只能用做定时器，它占用了 T1 的 TR1 和 TF1 两位，即占用了 T1 的中断标志和运行控制位，它的开启和关闭只受 TR1 和 TF1 两位影响。

3.2.2　51 系列单片机定时器/计数器实验

1. 实验目的

1）通过实验学习单片机的定时器功能。
2）学会通过编程实现单片机的定时功能。
3）巩固查表的编程方法。

2. 实验内容与实验原理

（1）实验内容　使单片机内部定时器 T1 按工作方式 1 工作，即作为 16 位定时器使用。每 0.05 s T1 溢出中断一次。P1 口的 P1.0 ~ P1.7 分别接 8 个发光二极管，如图 3-1b 所示，编写程序模拟时序控制装置。上电后第一秒 L1、L3 亮，第二秒 L2、L4 亮，第三秒 L5、L7 亮，第四秒 L6、L8 亮，第五秒 L1、L3、L5、L7 亮，第六秒 L2、L4、L6、L8 亮，第七秒 8 个发光二极管全亮，第八秒全灭。以后又从头开始，按上述规律一直循环下去。

（2）实验原理　定时器/计数器是一种可编程的部件，在其工作之前必须将控制字写入工作方式寄存器和控制寄存器，用以确定工作方式，即初始化。然后计算初值，将初值装入到计数器 TL 和 TH，将 TR 置 1，启动定时器。定时器/计数器开始工作：对于查询方式，即查询 TF 是否置 1，来查询定时器时间是否到（时间到，则重装初值）；对于中断方式，ET0（ET1）应置 1，允许定时器/计数器中断，EA 置 1，CPU 开中断。

本实验 P1 口接 LED，用定时器 1，按工作方式 1 工作，向 P1 口送数据，控制 LED 的亮灭。定时器/计数器实验原理可参考图 3-1b。

3. 实验仪器与器件

1）QSWD-PBD3 型单片机综合实验装置（单片机最小系统、发光二极管显示模块）一台。
2）TKS-52B 型仿真器一只。
3）连接线数根。

4. 实验步骤

1）单片机最小系统区 P1 口的 8P 排座连到发光二极管显示区的 8P 排座，单片机的 $\overline{EA}$

脚接 5V。

2）运行 Keil μVision2 软件，新建一个工程文件。

3）输入并编辑源程序文件，并且编译生成 HEX 文件。

4）用仿真器进行硬件仿真。

5）运行实验程序，观察发光二极管的亮灭情况，并分析结果。

5. 参考程序

```
            ORG     0000H
            AJMP    START
            ORG     001BH
            AJMP    INT _ T1            ;T1 中断入口地址
            ORG     0100H
START：     MOV     SP,#60H
            MOV     TMOD,#10H          ;置 T1 为方式 1
            MOV     TL1,#0B0H          ;延时 50ms 的时间常数
            MOV     TH1,#3CH
            MOV     R0,#00H
            MOV     R1,#20
            SETB    TR1
            SETB    ET1
            SETB    EA                 ;开中断
            SJMP    $
INT _ T1：  PUSH    ACC                ;T1 中断服务子程序
            PUSH    PSW                ;保护现场
            PUSH    DPL
            PUSH    DPH
            CLR     TR1                ;关中断
            MOV     TL1,#0B0H
            MOV     TH1,#3CH
            SETB    TR1                ;开中断
            DJNZ    R1,EXIT
            MOV     R1,#20             ;延时 1s 的常数
            MOV     DPTR,#TABLE        ;置常数表基址
            MOV     A,R0               ;置常数表偏移量
            MOVC    A,@ A + DPTR       ;读表
            MOV     P1,A               ;送 P1 口显示
            INC     R0
            CJNE    R0,#08H,EXIT
            MOV     R0,#00H
EXIT：      POP     DPH                ;恢复现场
            POP     DPL
            POP     PSW
            POP     ACC
```

```
            RETI
TABLE： DB          05H,0AH,50H,0A0H,55H,0AAH,0FFH,00H      ;LED 显示常数表
            END
```

6. 实验报告

1）画出实验原理图。

2）写出实验程序。

3）记录发光二极管的显示情况。

3.2.3　巩固与拓展练习

把动态显示区左边的 8P 排座连到最小单片机系统区 P0 口的 8P 排座，右边的 8P 排座连到 P2 口的 8P 排座，试编写 0 ~ 59 的计时程序，每过 1s 自动加 1，通过动态显示区右边的两个数码管动态显示数值，加到 60，数值变为 0，继续从 0 加到 59 循环显示。

提示：对于秒计数单元中的数据要把它十位数和个位数分开，采用对 10 整除和对 10 求余的方法。

3.3　51 系列单片机中断系统

3.3.1　51 系列单片机中断系统基础知识

1. 中断概述

（1）中断　早期的计算机没有中断功能，主机和外设交换信息只能采用程序控制传送方式（即查询方式）来交换信息。这样，CPU 不能再做别的事情，而是大部分时间处于等待状态，这也是快速的 CPU 和慢速的外设之间的矛盾，为了解决这个问题，引入了中断的概念。当 CPU 正在处理某件事情的时候，外部发生的一事件请求 CPU 迅速去处理，于是 CPU 暂时中止当前的工作，转去处理所发生的事件，中断服务处理完该事件以后，再回到原来被中止的地方，继续原来的工作，这样的过程称为中断。

（2）中断系统的功能

1）实现中断并返回。当有中断源发出中断请求时，CPU 要决定是否响应，若响应了，CPU 必须在现行指令执行完后，保护现场和断点，然后转到中断服务子程序入口执行中断服务程序，当中断处理完后，再恢复现场和断点，使 CPU 返回主程序。

2）能实现优先权排队。一个系统通常有多个中断源，当出现两个或两个以上的中断源同时提出中断请求的情况时，CPU 应能找到优先级别高的中断源，响应这个中断请求，处理完优先级最高的中断后，再处理优先级低的中断，如图 3-2 所示。

3）高级中断源能中断低级的中断处理。当 CPU 在响应低级中断请求时，若有更高级中断请求，则如图 3-2 所示，响应更高级中断；若有更低级中断请求，则不响应，而是处理完现在的程序，再去响应。

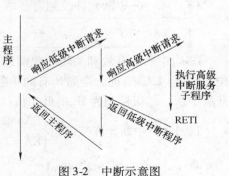

图 3-2　中断示意图

（3）中断源（5 个）

1）INT0：外部中断 0 请求。

2）INT1：外部中断 1 请求。

3）T0：定时器/计数器 0 溢出中断请求。

4）T1：定时器/计数器 1 溢出中断请求。

5）TX/RX：串口中断请求。

2. 中断系统的控制

中断源的控制是通过设置特殊功能寄存器 TCON、SCON 等实现的。TCON 为定时器/计数器控制寄存器（6 位），SCON 为串口控制寄存器（2 位），IE 为中断允许控制寄存器，IP 为中断优先级控制寄存器。下面对这 4 个寄存器分别进行介绍：

（1）TCON——定时器/计数器控制寄存器

TF1	—	TF0	—	IE1	IT1	IE0	IT0

1）TF1：T1 溢出中断。启动 T1 计数后，T1 溢出，由硬件使 TF1 置 1，向 CPU 申请中断，CPU 响应中断，由硬件使 TF1 清零。

2）TF0：同 TF1。

3）IE1：外部中断 1 请求标志。当 INT1 引脚上有中断请求时，使 IE1 = 1，CPU 响应中断，由硬件使 IE1 清零。

4）IT1：外部中断 1 触发方式选择位。

① IT1 = 0 时，为电平触发方式 $\begin{cases}\overline{INT1}=0\text{ 时，则使 IE1}=1\\\overline{INT1}=1\text{ 时，则无中断，使 IE1}=0（硬件）\end{cases}$

② IT1 = 1 时，为边沿触发方式，INT1 引脚出现一个下降沿时，使 IE1 = 1，响应中断 IE1 = 0。

5）IE0：同 IE1。

6）IT0：同 IT1。

（2）SCON——串口控制寄存器

—	—	—	—	—	—	TI	RI

1）TI：串口发送中断请求标志。

2）RI：串口接收中断请求标志。

（3）IE——中断允许控制寄存器

EA	—	—	ES	ET1	EX1	ET0	EX0

IE 对中断的开放和关闭实现两级控制。所谓两级控制，就是有一个总的开关中断控制位 EA。当 EA = 0 时，屏蔽所有的中断申请，即任何中断申请都不接受；当 EA = 1 时，CPU 开放中断。二级控制为 IE 的低 5 位，分别对 5 个中断源，进行中断允许控制。

1）EA：中断允许控制位 $\begin{cases}EA=0，屏蔽所有中断请求。\\EA=1，CPU 开放中断。\end{cases}$

2）ES：串口中断允许位 $\begin{cases}ES=0，禁止中断。\\ES=1，允许中断。\end{cases}$

3）ET1：T1 的溢出中断允许位 $\begin{cases} ET1 = 0，禁止中断。\\ ET1 = 1，允许中断。\end{cases}$

4）EX1：外部中断 1 中断允许位 $\begin{cases} EX1 = 0，禁止中断。\\ EX0 = 1，允许中断。\end{cases}$

5）ET0：同 ET1。

6）EX0：同 EX1。

（4）IP——中断优先级控制寄存器　51 单片机有两个中断优先级，每一个中断源都可以编程设置成为高优先级或低优先级。

—	—	—	PS	PT1	PX1	PT0	PX0

1）PS：串口中断优先级控制位 $\begin{cases} PS = 0 时，低优先级。\\ PS = 1 时，高优先级。\end{cases}$

2）PT1：T1 中断优先级控制位 $\begin{cases} PT1 = 0 时，低优先级。\\ PT1 = 1 时，高优先级。\end{cases}$

3）PX1：外部中断 1 优先级控制位 $\begin{cases} PX1 = 0 时，低优先级。\\ PX1 = 1 时，高优先级。\end{cases}$

4）PT0：同 PT1。

5）PX0：同 PX1。

当同时收到几个同一级别的中断请求时，CPU 先响应哪一个中断源，则取决于内部硬件查询顺序，这个顺序见表 3-2。

表 3-2　中断优先级顺序

中　断　源	同级中的中断优先级
外部中断 0	高
T0 溢出中断	
外部中断 1	
T1 溢出中断	
串口中断	低

3. 中断的处理（中断响应、中断服务和中断返回）

以外设提出接收数据请求为例，来看中断处理过程。当 CPU 执行主程序到第 K 条指令时，外设向 CPU 发出一信号，告知自己的数据寄存器已空，提出接收数据的请求（即中断请求）。CPU 接到中断请求信号，在本条指令执行完后执行中断主程序，并保存断点地址，转去准备向外设输出数据（即响应中断），CPU 向外设输出数据（中断服务）。数据输出完毕，执行中断子程序返回指令 RETI，CPU 返回到主程序的第 $K + 1$ 条指令接着执行主程序（即中断返回）。在响应中断时首先应在堆栈中保护主程序的断点地址，以便中断返回时，执行 RETI 指令，把断点地址从堆栈中弹出。中断处理过程示意图如图 3-3

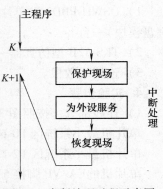

图 3-3　中断处理过程示意图

所示。

　　单片机一旦响应中断，首先置位响应的中断优先级生效触发器，然后由硬件执行一条调用指令，把当前断点地址压入堆栈，以保护断点，再将响应的中断服务程序的入口地址送入 PC，CPU 接着从中断服务程序的入口处开始执行。各中断源与对应的入口地址见表 3-3。

表 3-3　各中断源对应的入口地址

中　断　源	入　口　地　址	中　断　源	入　口　地　址
外部中断 0	0003H	T1 溢出中断	001BH
T0 溢出中断	000BH	串口中断	0023H
外部中断 1	0013H		

3.3.2　51 系列单片机中断系统实验

1. 实验目的

通过实验掌握单片机外中断的原理及编程方法。

2. 实验内容与原理

（1）实验内容　数码管循环显示 0 ~ F，当 $\overline{INT0}$ 端口即 P3.2 口有低电平时，数码管立即回到 0，重新循环显示。

（2）实验原理　51 系列单片机内部集成有两个可编程的定时器/计数器：T0 和 T1。它们既可以工作于定时模式，也可以工作于外部事件计数模式。

　　计算机具有实时处理能力，能对外界发生的事件进行及时处理，是依靠中断系统实现的。51 系列单片机中断系统有 5 个中断源、2 个优先级，可实现二级中断服务嵌套。由片内特殊功能寄存器中的中断允许控制寄存器 IE 控制 CPU 是否响应中断请求；由中断优先级控制寄存器 IP 安排各中断源的优先级；同一优先级内各中断同时提出中断请求时，由内部的查询逻辑决定其响应次序。51 系列单片机的中断系统由中断请求标志位、中断允许控制寄存器 IE、中断优先级控制寄存器 IP 及内部硬件查询电路组成。

　　51 系列单片机有 2 个定时器/计数器和 2 个外部中断，本实验采用定时器 T0 进行定时，使 P0 口数码管循环显示 0 ~ F；用外部中断 0 接独立按键，以按键的开合作为外部中断信号，使显示归零。中断实验原理如图 3-4 所示。

3. 实验仪器与器件

1）QSWD-PBD3 型单片机综合实验装置（单片机最小系统、数码管动态显示模块、查询式键盘模块）一台。

2）TKS-52B 型仿真器一只。

3）连接线数根。

4. 实验步骤

1）连线部分，按照图 3-4 将单片机与键盘相连：

单片机最小系统区 P0 口的 8P 排座接动态显示区左边的 8P 排座；

单片机最小系统区 P2 口的 8P 排座接动态显示区右边的 8P 排座；

单片机的 $\overline{EA/VP}$ 脚接 5V；

单片机最小系统区 P3 口的 8P 排座接查询式键盘区的 8P 排座。

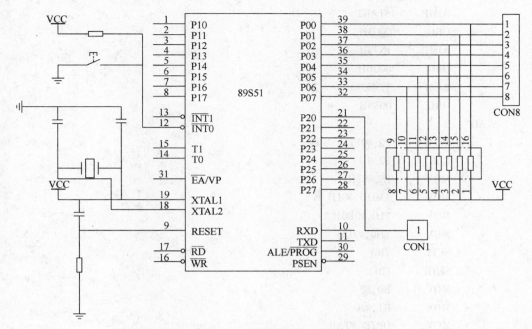

a) 单片机连线

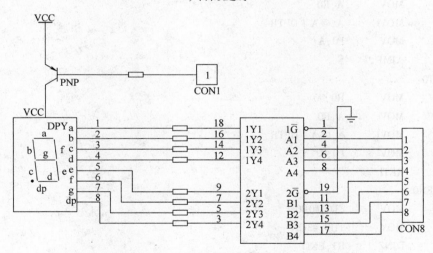

b) 数码管连线

图 3-4　中断实验原理

2）运行 Keil μVision2 软件，新建一个工程文件。

3）输入并编辑源程序文件，并且编译生成 HEX 文件。

4）用仿真器进行硬件仿真。

5）运行实验程序，观察数码管的显示情况；拨动数据开关，观察数码管的显示情况，并分析结果。

5. 参考程序

```
        ORG       0000H
```

```
        AJMP    START
        ORG     0003H
        AJMP    INTT0
        ORG     000BH
        AJMP    TIMER0
        ORG     0030H
START:
        MOV     P2,#0FFH
        CLR     P2.0
        MOV     IE,#83H
        MOV     TMOD,#01H
        MOV     TL0,#0B0H
        MOV     TH0,#3CH
        SETB    TR0
        SETB    IT0
        MOV     R0,#0
        MOV     R1,#20
        MOV     DPTR,#TAB
        MOV     A,R0
        MOVC    A,@A+DPTR
        MOV     P0,A
        AJMP    $
INTT0:
        MOV     R0,#0
        MOV     A,R0
        MOVC    A,@A+DPTR
        MOV     P0,A
        RETI
TIMER0:
        MOV     TL0,#0B0H
        MOV     TH0,#3CH
        DJNZ    R1,EXIT
        MOV     R1,#20
        INC     R0
        CJNE    R0,#10H,TOP0
        MOV     R0,#0
TOP0:
        MOV     A,R0
        MOVC    A,@A+DPTR
        MOV     P0,A
EXIT:
        RETI
TAB:    DB 03H,9FH,25H,0DH
```

```
DB 99H,49H,41H,1FH
DB 01H,09H,11H,0C1H
DB 0E5H,85H,61H,71H
END
```

6. 实验报告

1）画出实验原理图。

2）写出实验程序。

3）记录数码管的显示情况及按键时数码管的情况。

3.3.3　巩固与拓展练习

利用单片机的中断系统和利用定时器/计数器 T0 的工作方式 1，产生 10ms 的定时，并使 P1.0 引脚上输出周期为 20ms 的方波，用示波器观察输出的方波。

3.4　51 系列单片机串行通信

3.4.1　51 系列单片机串行通信基础知识

1. 串行通信基础知识概述

计算机的 CPU 与外部设备之间常常要进行信息交换，计算机与计算机之间往往也要交换信息，所有这些信息交换均称为通信。

（1）通信方向

1）并行通信。并行通信是指数据的各位同时进行传送（发送或接收）的通信方式。其优点是传送速度快；缺点是数据有多少位，就需要多少根传送线，即传输线多，成本高。例如，单片机与打印机之间的数据传送就是采用并行通信的方式。

2）串行通信。串行通信是指数据一位一位按顺序传送的通信方式。其优点是只需一对传输线，成本低；缺点是传输速度慢。

（2）串行通信分类　在串行通信中，数据是在两个站之间传送的。按照数据传送的方向，串行通信分为单工通信、半双工通信和全双工通信，如图 3-5 所示。

1）单工通信：只允许数据向一个方向传送。

2）半双工通信：允许数据向两个方向中的任一方向传送，但每次只能有一个方向的传送。

3）全双工通信：允许同时双向传送数据，这种方式要求两端的终端设备都具有完整和独立地发送和接收数据的能力。

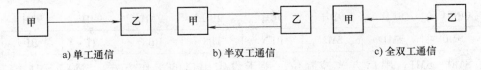

a) 单工通信　　　　　　　b) 半双工通信　　　　　　　c) 全双工通信

图 3-5　串行通信分类示意图

（3）串行通信的基本通信方式

1）异步通信。数据是一帧一帧传送的，每帧数据由 4 部分组成：起始位、数据位、奇偶校验位和停止位，如图 3-6 所示。

图 3-6　11 位帧格式

起始位：只占用 1 位，用来通知接收设备一个等待接收的字符已经到达；线路上不传送字符时，应保持为 1。接收端不断检测线路的状态，若连续为 1，以后又检测到一个 0，就知道发来一个新字符，应马上准备接收。字符起始位还被用作同步接收端的时钟，以保证以后的接收能正确进行。

数据位：可以是 5 位、6 位、7 位或 8 位。传送时低位在前，高位在后。

奇偶检验位：只占一位，在字符中也可以规定不用奇偶检验位，即省掉一位，也可以用这一位来确定这一帧中的字符所代表信息的性质，是地址还是数据。

停止位：用来表征字符的结束，它一定为高电平，可以是 1 位、1.5 位、2 位。接收到停止位后，接收端便知道上一字符已传送完毕，同时也为下一个字符做好准备，只要接收到 0，就是新的字符的起始位。若停止位以后不是紧接着传下一个字符，则线路电平保持为高电平。

2）同步通信。在数据开始传送前，用同步字符来指示，并由时钟来实现发送端和接收端同步，即检测到规定同步字符后，下面就连续按顺序传送数据，直到通信结束。同步传送时，字符与字符之间没有间隙，也不用起始位和停止位，只在数据块开始时用同步字符 SYNC 来指示。

3）异步通信与同步通信对比。异步通信传送数据时，每一帧都有固定格式，通信双方只需要按约定的格式来发送或接收即可。因此，异步通信的硬件结构比同步通信简单，还可以用校验位检测错误，应用广泛。同步通信速度快（因其去掉了开始和结束标志），但对硬件要求高。

（4）波特率　波特率（Baud Rate）即数据传送速率，表示每秒传送二进制代码的位数，单位为 bit/s。例如，若数据传送的速率为每秒 120 个字符，每个字符包含 10 个代码位，则波特率为 $10 \times 120 \text{bit/s} = 1200 \text{bit/s}$。每一位代码的传送时间 T_d 为波特率倒数 $T_d = 1/1200 \text{ms} = 0.833 \text{ms}$。

2. 串口工作原理

51 系列单片机对串口的控制是通过 SCON 实现的，与电源控制寄存器 PCON 也有关。

（1）串口控制寄存器 SCON

9FH	9EH	9DH	9CH	9BH	9AH	99H	98H
SM0	SM1	SM2	REN	TB8	RB8	TI	RI

1）SM0、SM1：串口方式控制位，用于设定串口的工作方式，SM0、SM1 控制情况见表 3-4。

表 3-4　SM0、SM1 控制情况表

SM0	SM1	工 作 方 式	说　明	波 特 率
0	0	0	同步移位寄存器	$f_{osc}/12$
0	1	1	10 位异步收发	由定时器控制
1	0	2	11 位异步收发	$f_{osc}/12$ 或 $f_{osc}/64$
1	1	3	11 位异步收发	由定时器控制

2）SM2：多机通信允许位 $\begin{cases} SM2 = 1 \text{ 为允许。} \\ SM2 = 0 \text{ 为不允许。} \end{cases}$

3）REN：允许接收控制位 $\begin{cases} REN = 1 \text{ 为允许。} \\ REN = 0 \text{ 为不允许。} \end{cases}$

4）TB8：发送数据的第 9 位（D8）装入 TB8 中。

5）RB8：接收数据的第 9 位。

6）TI：发送中断标志，在一帧数据发送完时被置位。

7）RI：接收中断标志，在一帧数据接收完时被置位。

（2）电源控制寄存器 PCON　电源控制寄存器是为实现电源控制而设置的，其中最高位与串行通信有关，即 SMOD（波特率选择位）。当 SMOD 为 1 时，波特率加倍；当 SMOD 为 0 时，波特率不加倍。

3. 波特率设计

在串行通信中，收发双方发送或接收的数据速率要有一定的约定，通过 SCON 的 SM0、SM1 两位可设置成 4 种工作方式，对应着以下 3 种波特率。

1）工作方式 0 的波特率：$f_{osc}/12$

2）工作方式 2 的波特率：$\dfrac{2^{SMOD}}{64} \times f_{osc}$ $\begin{cases} SMOD = 1，\text{则为 } \dfrac{1}{32} f_{osc} \text{。} \\ SMOD = 0，\text{则为 } \dfrac{1}{64} f_{osc} \text{。} \end{cases}$

3）工作方式 1 和方式 3 的波特率：

由定时器 T1 的溢出率和 SMOD 的值同时决定，即

$$波特率 = \frac{2^{SMOD}}{32} \times T1 \text{ 溢出率}$$

T1 溢出率取决于 T1 的计数速率和 T1 预置的初值，一般 T1 采用工作方式 2 作为波特率发生器，即自动重装入 8 位计数器。当 TMOD 中的 C/$\overline{T}$ = 0 时，定时器工作方式计数速率为 $f_{osc}/12$，并且 TL1 作为计数用，TH1 用以保存初值 X，这样每过（$2^8 - X$）个机器周期就会产生一次溢出。为避免溢出而引起中断，此时应禁止中断。溢出周期为（$2^8 - X$）× 机器周期 = （$2^8 - X$）$\dfrac{12}{f_{osc}}$；溢出率为溢出周期的倒数。这样，波特率公式为（单位为 bit/s）

$$波特率 = \frac{2^{SMOD}}{32} \frac{f_{osc}}{12 \times (256 - X)}$$

T1 作为波特率发生器时初值为

$$X = 256 - \frac{f_{osc}(SMOD + 1)}{384 \times 波特率}$$

4. 串行通信的 4 种工作方式

（1）工作方式 0　工作方式 0 为同步移位寄存器输入/输出方式，常用于扩展 I/O 口，串行数据通过 RXD 端输入/输出，而同步移位时钟由 TXD 端送出，作为外部器件的同步时钟信号。该工作方式不应用于两片单片机之间的通信，但可以通过外部移位寄存器来实现。单片机在该工作方式下，收发的数据为 8 位，低位在前、高位在后，没有起始位、奇偶校验位、停止位。

（2）工作方式 1　工作方式 1 为 10 位通用异步接口，用于串行发送和接收数据。TXD 用于发送数据，RXD 用于接收数据。收发一帧数据的格式为：1 位起始位、8 位数据位、1 位停止位，共 10 位。

（3）工作方式 2　工作方式 2 跟工作方式 1 不同的是串口收发的数据每帧为 11 位：1 位起始位、8 位数据位、1 位可编程位、1 位停止位。

（4）工作方式 3　工作方式 3 和工作方式 2 的工作状况完全一样，不同的只是波特率。

5. 串行通信（发送/接收指令）

（1）发送指令　串口发送和接收都是以特殊功能寄存器 SBUF 的名义进行读或写的。当向 SBUF "写" 命令时（即执行 MOV SBUF，A 指令）即是向发送缓冲器装入数据，并开始由 TXD 引脚向外发送一帧数据，发送完便使中断标志位 TI 置 1。

（2）接收指令　在满足串口接收中断位 RI = 0 的条件下，并使 REN = 1，就会接收一帧数据进入移位寄存器，并装载到接收 SBUF 中，同时使 RI = 1。当向 SBUF "读" 命令（即执行 MOV A，SBUF 指令）时，便从接收缓冲器取出信息送到 CPU。

3.4.2　51 系列单片机串行通信实验

1. 实验目的

1）学习单片机串口的工作方式 0 的工作原理及应用。

2）学习静态串行显示的工作原理。

3）学习静态串行显示的电路接口设计及程序设计。

2. 实验内容与原理

（1）实验内容　51 单片机的串口的工作方式 0 为同步移位寄存器方式，串行数据都通过 RXD 输入、输出，TXD 则输出同步移位脉冲，可接收/发送 8 位数据（低位在前）。波特率固定在 $f_{osc}/12$。

单片机与两片串入并出移位寄存器 74LS164 相连。其中，RXD 作为 74LS164 的数据输入，TXD 作为 74LS164 的同步时钟。程序运行时，单片机将 2 个数码管的段码连续发送出来，通过串口送给 74LS164。两位字型码送完后，TXD 保持高电平，此时每片 74LS164 的并行输出口将送出保存在内部移位寄存器中的 8 位段码给数码管，令数码管稳定地显示所需的字符。此实验显示字符 "dp"。

（2）实验原理　工作方式 0 为同步移位寄存器方式，用于扩展 I/O 口，通过 RXD 端输入/输出串行数据，TXD 端送出同步移位时钟，作为外部器件的同步时钟信号。在该工作方式下，单片机收发的数据为 8 位，低位在前，没有起始位、奇偶校验位、停止位。本实验单片机与两片串入并出移位寄存器 74LS164 相连。其中，RXD 作为 74LS164 的数据输入，TXD 作为 74LS164 的同步时钟，串口实验原理如图 3-7 所示。

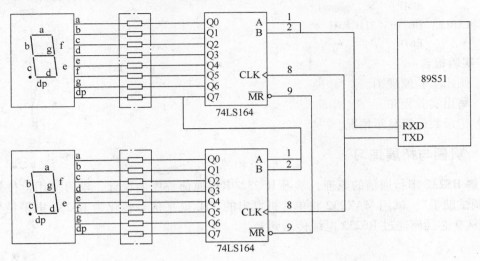

图 3-7　串口实验原理

3. 实验仪器与器件

1）QSWD-PBD3 型单片机综合实验装置（单片机最小系统、数码管静态显示模块）一台。

2）TKS-52B 型仿真器一只。

3）连接线数根。

4. 实验步骤

1）把静态显示区的 RXD 和 TXD 引出插口连到单片机最小系统的 10 和 11 脚引出插口，单片机的$\overline{EA}$脚接 5V。

2）运行 Keil μVision2 软件，新建一个工程文件。

3）输入并编辑源程序文件，并且编译生成 HEX 文件。

4）用仿真器进行硬件仿真。

5）运行实验程序，观察数码管显示情况并分析结果。

5. 参考程序

```
        ORG    0000H
        AJMP   START
        ORG    0030H
START:  MOV    SCON,#00H
        MOV    R1,#02H
        MOV    R0,#00H
        MOV    DPTR,#TABLE
LOOP:   MOV    A,R0
        MOVC   A,@ A + DPTR
        MOV    SBUF,A
WAIT:   JNB    TI,WAIT
        CLR    TI
```

```
        INC     R0
        DJNZ    R1,LOOP
        SJMP    $
TABLE:  DB      31H,85H
        END
```

6. 实验报告

1）画出实验原理图。

2）写出实验程序。

3）记录数码管显示情况。

3.4.3 巩固与拓展练习

了解 RS232 串行通信的原理，学习 RS232 串行通信程序的设计，学习使用上位机软件"串行调试助手"，试用 MAX232 将单片机发出的 TTL 电平信号转化为 RS232 电平信号，收发信号从 9 芯插座通过 RS232 电缆传送到 PC。

第 4 章　51 系列单片机外部扩展实训

51 系列单片机由于其自身内部结构的限制，存储器容量、I/O 口线数量等有限，当不够用时需要进行外部扩展；而且单片机内部没有集成键盘、显示器、模-数和数-模等，当单片机控制系统需要这些部件时，需要进行外接这些部件。

4.1　51 系列单片机存储器扩展

4.1.1　51 系列单片机存储器扩展基础知识

存储器是计算机的重要组成部分，用来存储相关的数据和程序。51 系列单片机存储器的结构特点是程序存储器和数据存储器分开，各有各的寻址机构和寻址方式。51 系列单片机有 4 个存储空间，分别是：片内程序存储器、片外程序存储器、片内数据存储器和片外数据存储器。当内部数据存储器和程序存储器的容量不能满足要求时，就必须通过外界存储器芯片对单片机存储系统进行扩展。

1. 片选信号与地址分配关系

每一个存储器芯片都有一定的地址空间，存储空间在单片机的内存空间中所处的位置是由单片机的高位地址线 A11 ~ A15 产生的片选信号决定的，称为地址分配。根据对高位地址总线的译码方案的不同，片选方式通常有线选方式、全译码方式和局部译码方式三种。

（1）线选方式　线选方式是把一根高位地址线直接连到存储芯片的片选端，地址线 A0 ~ A10 实现片内寻址，3 根高位地址线 A11、A12、A13 实现片选，均为低电平有效，如图 4-1 所示。当 3 根片选线其中之一为 0 时，其余两线必须为高电平 "1"，这样每次只能选中一个芯片，设 A14、A15 都为低电平，即可得到 3 个芯片的地址分配，见表 4-1。

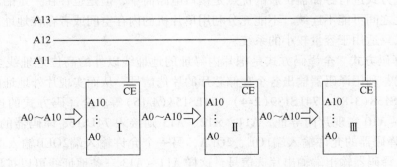

图 4-1　线选方式

表 4-1　线选方式地址分配情况表

芯片号	二进制地址		十六进制地址
	A15 A14 A13 A12 A11	A10……A0	
I	0　0　1　1　0	0……0 ~ 1……1	3000H ~ 37FFH
II	0　0　1　0　1	0……0 ~ 1……1	2800H ~ 2FFFH
III	0　0　0　1　1	0……0 ~ 1……1	1800H ~ 1FFFH

当用一条地址线扩展两片存储器芯片时，线选方式还可以用一根高位地址线加非门实现，如图 4-2 所示，A0 ~ A10 实现片内寻址，A11 实现片选，A12 ~ A15 都设为低电平，即可得到 2 个芯片的地址分配，见表 4-2。

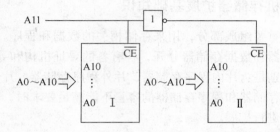

图 4-2　用一根高位地址线实现两片存储器片选

表 4-2　用一根高位地址线实现地址分配情况表

芯片号	二进制形式地址			十六进制地址
	A15 A14 A13 A12	A11	A10…A0	
I	0　0　0　0	0	0…0 ~ 1…1	0000H ~ 07FFH
II	0　0　0　0	1	0…0 ~ 1…1	0800H ~ 0FFFH

采用线选方式进行存储器扩展的优点是接口电路简单，但是也存在一定的缺点：芯片的地址空间相互之间可能不连续，不能充分利用单片机的内存空间或者存在地址重叠现象。因此，线选方式只适用于容量较小的系统。

（2）全译码方式　全译码方式是把片内寻址的地址线以外的高位地址线全部输入到译码器进行译码，利用译码器输出各个存储芯片的片选信号，从而实现片外地址的分配。常用译码器有 74LS138（3-8）、74LS139（2-4）、74LS154（4-16）等。全译码方式的连接方法如图 4-3所示，A0 ~ A10 实现片内寻址，A11、A12、A13 则接入 74LS138 译码器的选择输入端，A15、A14 接译码器的允许输入端 1OE、2OEA，另一个允许输入端 2OEB 输入单片机的存储器访问信号，译码器输出端输出片选信号，这样 A11 ~ A13 三条地址线可以扩展外部 8 个芯片，图 4-3 中只画出了 3 个芯片的扩展电路。图 4-3 中的 3 个芯片的地址分配见表 4-3。

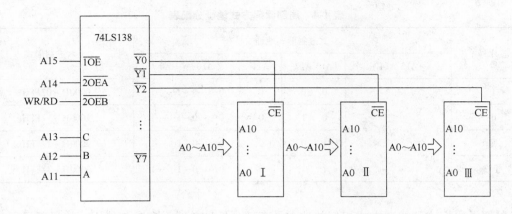

图 4-3　全译码方式

表 4-3　全译码方式地址分配表

芯片号	二进制形式地址			十六进制形式
	A15 A14	A13 A12 A11	A10……A0	
Ⅰ	1　0	0　0　0	0……0～1……1	8000H～87FFH
Ⅱ	1　0	0　0　1	0……0～1……1	8800H～8FFFH
Ⅲ	1　0	0　1　0	0……0～1……1	9000H～97FFH

　　全译码方式的优点是可以实现存储器芯片的地址空间连续且各芯片的地址空间是唯一确定的，这样就不存在地址重叠现象，从而充分利用内存空间，当译码器输出端留有空余时，便于继续扩展存储器或其他外围器件；缺点是电路连接较复杂，同时需要增加译码器。

　　（3）局部译码方式　　局部译码方式是把除片内寻址的地址线以外的高位地址线部分输入到译码器进行译码，利用译码器输出各个存储芯片的片选信号，从而实现地址分配，如图4-4 所示。A0～A10 实现片内寻址，A12、A13 连接到 74LS139 译码器的选择输入端，译码器输出端$\overline{1Y0}$～$\overline{1Y3}$实现片选信号，从而得到 4 个芯片的地址分配，见表4-4。

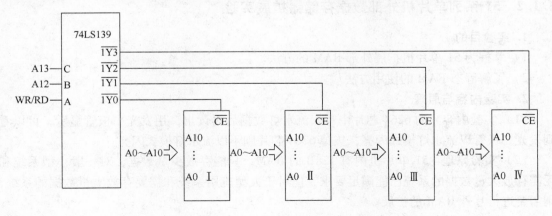

图 4-4　局部译码方式

表 4-4　局部译码方式地址分配表

芯片号	二进制形式地址				十六进制形式
	A15 A14	A13 A12	A11	A10……A0	
Ⅰ	0 0	0 0	0	0……0 ~ 1……1	0000H ~ 07FFH
Ⅱ		0 1	0	0……0 ~ 1……1	1000H ~ 17FFH
Ⅲ		1 0	0	0……0 ~ 1……1	2000H ~ 27FFH
Ⅳ		1 1	0	0……0 ~ 1……1	3000H ~ 37FFH

　　局部译码方式和线选方式相似的地方是有部分地址总线没有参与使用，故局部译码法和线选法一样都存在重复使用多个地址区域，使寻址空间利用率降低的问题。

2. 扩展存储器的步骤

　　51 系列单片机程序存储器的寻址范围为 64KB，8051/8751 片内程序存储器为 4KB 的 ROM 或 EPROM，在单片机的应用系统中片内的存储容量往往不够，这个时候就必须外扩程序存储器。同时，51 单片机有片内数据存储器为 128B 的 RAM，当数据量超过 128B 也需要把数据存储区进一步扩展。

　　单片机片外扩存储器的具体步骤如下：

1）确定存储器的类型和容量。
2）选择合适的存储器芯片。
3）为存储器分配地址空间。
4）设计扩展存储器的片选逻辑。
5）核算对系统总线的负载要求。
6）校验存储的存取速度。

　　下面我们通过实验分别对 51 系列单片机的数据存储器和程序存储器的扩展进行详细讲解。

4.1.2　51 系列单片机外部数据存储器扩展实验

1. 实验目的

1）掌握为 51 单片机扩展外部 RAM 的方法。
2）了解静态 RAM 的使用方法。

2. 实验内容与原理

　　（1）实验内容　向 6264 芯片中写入流水灯数据后再读出，用发光二极管显示，可以看到发光二极管以流水灯模式闪亮，拔掉 6264 芯片则不以流水灯模式闪亮。

　　（2）实验原理　51 单片机内有 128B 的 RAM，只能存放少量数据，对一般小型系统和无需存放大量数据的系统已能满足要求，但对于大型应用系统和需要存放大量数据的系统，则需要进行片外 RAM 的扩展。

　　51 单片机片外扩展的最大容量为 64KB，地址空间为 0000H ~ FFFFH。读/写外部 RAM 时使用 MOVX 指令，用 RD 选通外部 RAM 的 OE 端，用 WR 选通外部 RAM 的 WE 端。

扩展外部 RAM 芯片一般采用静态 RAM(SRAM)，也可根据需要采用 EEPROM 芯片或其他 RAM 芯片。本实验使用 SRAM6264 芯片进行片外 RAM 扩展。6264 芯片具有 8KB 空间，因此它需要 13 位地址(A0~A12)，使用 P0、P2.0~P2.4 作为地址线对片内 8KB 空间进行寻址，使用 P2.7 作为片选线。6264 芯片的全部地址空间为 0000H~1FFFH。

6264 芯片的引脚排列如图 4-5 所示。

6264 芯片的引脚功能介绍如下。

1）D0~D7：三态双向数据线。

2）A0~A12：地址输入线。

3）$\overline{\text{WE}}$：写选通信号输入线，低电平有效。

4）$\overline{\text{OE}}$：读选通信号输入线，低电平有效。

5）$\overline{\text{CE}}$：片选信号输入端，低电平有效。

6）CS：片选信号输入端，高电平有效，可用于掉电保护。

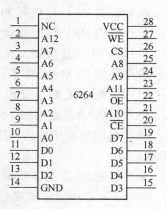

图 4-5　6264 芯片的引脚排列

RAM 芯片能随机读/写，其条件是片选信号 $\overline{\text{CE}}$ 必须有效，由输出允许信号 $\overline{\text{OE}}$ 结合写入允许信号 $\overline{\text{WE}}$ (一高一低)来决定是读操作还是写操作。因此在扩展时，$\overline{\text{CE}}$ 可接高位地址线，$\overline{\text{OE}}$ 和 $\overline{\text{WE}}$ 应接单片机的 $\overline{\text{RD}}$(P3.7)和 $\overline{\text{WR}}$(P3.6)端，外部数据存储器扩展电路如图 4-6 所示。

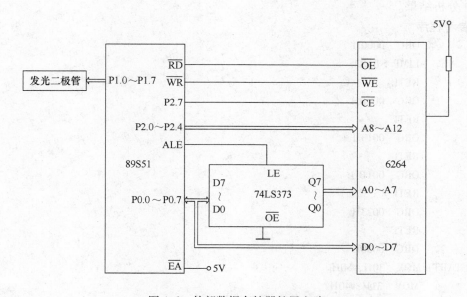

图 4-6　外部数据存储器扩展电路

3. 实验仪器与器件

1）QSWD-PBD3 型单片机综合实验装置(单片机最小系统、数据存储器扩展模块、锁存模块、发光二极管模块)一台。

2）TKS-52B 型仿真器一只。

3）6264 芯片，74LS373 芯片各一只。

4）连接线数根。

4. 实验步骤

1）本实验的电路连接关系如图 4-6 所示，利用导线将各模块连接起来。具体连线如下：

单片机的 P0 口连接到 74LS373 芯片的 D0 ~ D7；

单片机的 P0 口同时连接到 6264 芯片的 D0 ~ D7；

单片机 P1 口连接到发光二极管；

单片机的 P2 口的 P2.0 ~ P2.4 连接到 6264 芯片的 A8 ~ A12 端；

单片机的 ALE 端连接到 74LS373 芯片的 LE 端；

单片机的 $\overline{EA}$ 端连接到 +5V 电源；

单片机的 $\overline{WR}$（P3.6）端连接到 6264 芯片的 $\overline{WE}$ 端，$\overline{RD}$（P3.7）端接到 6264 芯片的 $\overline{OE}$ 端；

单片机的 P2.7 端连接到 6264 芯片的 $\overline{CE}$ 端；

74LS373 芯片的输出端 Q0 ~ Q7 接 6264 芯片的 A0 ~ A7 端。

2）运行 Keil μVision2 软件，新建一个工程文件。

3）输入并编辑源程序文件，并且编译生成 HEX 文件。

4）用仿真器进行硬件仿真。

5）运行实验程序，观察发光二极管的亮灭情况，拔下 6364，再观察发光二极管的亮灭情况，并分析结果。

5. 参考程序

```
                ORG   0000H
                LJMP  START
                RETI
                ORG   000BH
                RETI
                ORG   0013H
                RETI
                ORG   001BH
                RETI
                ORG   0023H
                RETI
                ORG   0030H
        START:  MOV   30H,#80H
                MOV   31H,#40H
                MOV   32H,#20H
                MOV   33H,#10H
                MOV   34H,#08H
                MOV   35H,#04H
                MOV   36H,#02H
                MOV   37H,#01H
                MOV   38H,#00H
```

```
        MOV    DPTR,#0000H
        MOV    R0,#30H
        MOV    R7,#08H
MAIN:   MOV    A,@R0
        MOVX   @DPTR,A
        INC    R0
        INC    DPTR
        DJNZ   R7,MAIN
MAIN1:MOV      R5,#08H
MAIN2:MOV      DPTR,#0000H
MAIN3:MOVX     A,@DPTR
        NOP
        NOP
        NOP
        NOP
        NOP
        MOV    P1,A
        CALL   DLY10ms
        INC    DPTR
        CALL   DLY10ms
        DJNZ   R5,MAIN3
        JMP    MAIN1
DLY10ms:
    D1:MOV     R6,#248
    D2:MOV     R7,#248
        DJNZ   R7,$
        DJNZ   R6,D2
        RET
        END
```

6. 实验报告

1）画出实验原理图。

2）写出实验程序。

3）记录二极管的显示情况。

4.1.3　51 系列单片机外部程序存储器扩展实验

1. 实验目的

1）掌握 51 单片机扩展程序存储器的方法。

2）了解程序存储器的使用方法。

2. 实验内容与原理

（1）实验内容　向外部程序存储器中写入流水灯程序，让单片机从外部程序存储器执行程序，观察流水灯二极管的显示情况。

（2）实验原理　51 系列单片机内部有一定容量的程序存储器，当内部程序存储器容量无法满足应用需求时，通常需要扩展程序存储器。51 单片机在片外扩展程序存储器的地址空间为 0000H～FFFFH，共 64KB，此时单片机的 $\overline{EA}$ 引脚（外部访问允许端）用来控制访问内部存储器或外部存储器。当 $\overline{EA}=0$ 时，所有访问都是对片外存储器的；当 $\overline{EA}=1$ 时，访问的是片内 ROM。本实验采用从外部程序存储器运行程序的方法，故需将 $\overline{EA}$ 脚接地。

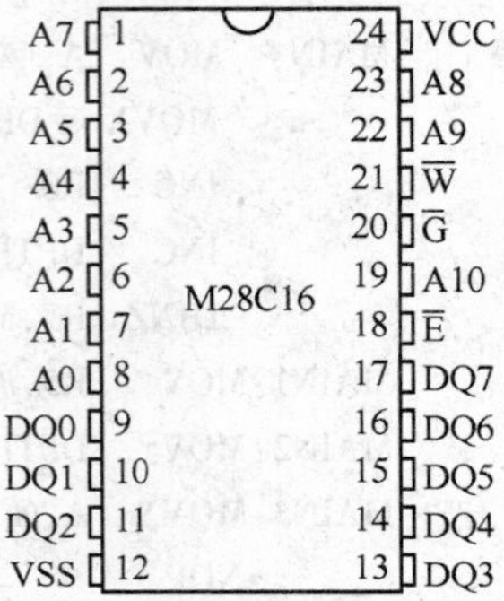

程序存储器芯片分为 EPROM（紫外线擦除电可编程只读存储器）和 EEPROM（电擦除可编程只读存储器）两种。EPROM 常用的是 27 系列芯片，如 2716、2732A、27128、27256、2764 等；EEPROM 芯片常用的是 28 系列芯片，如 2816A（2816）、2817A（2817）、2864A 等。本实验采用的是 28C16 芯片，其引脚排列如图 4-7 所示。

28C16 芯片在操作过程中片选信号（$\overline{CE}$）、读允许信号（$\overline{OE}$）、写入允许信号（$\overline{WE}$）的情况见表 4-5。

图 4-7　28C16 芯片的引脚排列

表 4-5　28C16 芯片的操作及各引脚状态对应关系

操　　作	各引脚状态
读出	$\overline{CE}=0$，$\overline{OE}=0$，$\overline{WE}=1$
维持	$\overline{CE}=1$，此时功耗下降
字节擦除	$\overline{CE}=0$，$\overline{OE}=1$，$\overline{WE}=0$，此时将数据线上的全 "1" 信息写入被选通的存储单元，即实现字节擦除
字节写入	$\overline{CE}=0$，$\overline{OE}=1$，$\overline{WE}=0$
整片擦除	$\overline{CE}=0$，$\overline{WE}=0$，$\overline{OE}$ 接 +10～15V 电压
不操作	$\overline{CE}=0$，$\overline{OE}=1$，$\overline{WE}=1$，此时写允许信号无效，不进行擦/写操作，数据线为高阻状态

28C16 芯片与单片机的接线原理如图 4-8 所示。

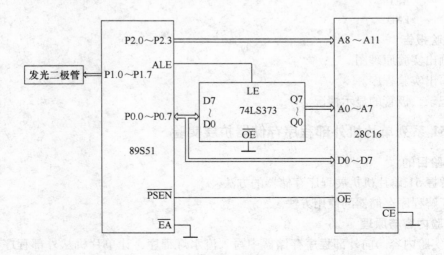

图 4-8　28C16 芯片与单片机的接线原理

3. 实验仪器与器件

1）QSWD-PBD3 型单片机综合实验装置（单片机最小系统、程序存储器扩展模块、发光二极管模块、锁存模块）一台。

2）TKS-52B 型仿真器一只。

3）28C16 芯片，74LS373 芯片各一只。

4）连接线数根。

4. 实验步骤

1）本实验的电路连接关系如图 4-8 所示，利用导线将各模块连接起来。具体连线如下：

单片机的 P0 口连接到 74LS373 芯片的 D0 ~ D7；

单片机的 P0 口同时连接到 28C16 芯片的 D0 ~ D7；

单片机 P1 口连接到发光二极管；

单片机的 P2 口的 P2.0 ~ P2.3 端连接到 28C16 芯片的 A8 ~ A11；

单片机的 ALE 端连接到 74LS373 芯片的 LE 端；

单片机的$\overline{EA}$端连接到 GND；

单片机的$\overline{PSEN}$端连接到 28C16 芯片的$\overline{OE}$端；

74LS373 芯片的 Q0 ~ Q7 端连接到 28C16 芯片的 A0 ~ A7 端；

28C16 芯片的$\overline{CE}$端接到 GND。

2）运行 Keil μVision2 软件，新建一个工程文件。

3）输入并编辑源程序文件，并且编译生成 HEX 文件。

4）用编程器将生成的 HEX 文件写到 28C16 中。

5）将 28C16 插到实验台上对应的插座内，然后上电运行程序，观察发光二极管的亮灭情况，并分析结果。

5. 参考程序

```
        ORG    0000H
        LJMP   START
        RETI
        ORG    000BH
        RETI
        ORG    0013H
        RETI
        ORG    001BH
        RETI
        ORG    0023H
        RETI
        ORG    0030H
START:  MOV    P1,#10000000B
        LCALL  DL1S
        MOV    P1,#01000000B
        LCALL  DL1S
        MOV    P1,#00100000B
```

```
            LCALL   DL1S
            MOV     P1,#00010000B
            LCALL   DL1S
            MOV     P1,#00001000B
            LCALL   DL1S
            MOV     P1,#00000100B
            LCALL   DL1S
            MOV     P1,#00000010B
            LCALL   DL1S
            MOV     P1,#00000001B
            LCALL   DL1S
            JMP     START
    DL1S:
    D1:     MOV     R6,#248
    D2：    MOV     R7,#248
            DJNZ    R7,$
            DJNZ    R6,D2
            RET
            END
```

6. 实验报告

1）画出实验原理图。

2）写出实验程序。

3）记录二极管的显示情况。

4.1.4 巩固与拓展练习

学习 6116 芯片的资料，试将其与单片机连接好，并用汇编程序实现将片内 RAM 的 00H~7FH 的内容送到 6116 的 0000H~007FH。

4.2 51 系列单片机 I/O 接口扩展

4.2.1 51 系列单片机 I/O 接口扩展基础知识

原始数据或现场信息要利用输入设备输入到单片机中，单片机对输入的数据进行处理加工后，还要输出给输出设备。常用的输入设备有键盘、开关及各种传感器等，常用的输出设备有 LED 显示器、LCD 显示器、微型打印机及各种执行机构等。

51 系列单片机内部有 4 个并口和 1 个串口，可以直接连接简单的设备，但当系统较为复杂时，往往要借助于输入/输出接口电路（简称 I/O 接口）完成单片机与 I/O 设备的连接。现在，许多 I/O 接口已经系列化、标准化，并具有可编程功能。

1. I/O 接口的功能

CPU 与 I/O 设备间的数据传送，实际上是 CPU 与 I/O 接口间的数据传送。I/O 接口电路中能被 CPU 直接访问的寄存器称为 I/O 端口，1 个 I/O 接口芯片可以包含几个 I/O 端口，如数据端口、控制端口、状态端口等。

单片机应用系统的设计，在某种意义上可以认为是 I/O 接口芯片的选配和驱动软件的设计。I/O 接口的功能是：

（1）对单片机输出的数据锁存　就对数据的处理速度来讲，单片机要比 I/O 设备快得多。因此单片机对 I/O 设备的访问时间大大短于 I/O 设备对数据的处理时间。I/O 接口的数据端口要锁存数据线上瞬间出现的数据，以解决单片机与 I/O 设备的速度协调问题。

（2）对输入设备的三态缓冲　单片机系统的数据总线是双向总线，是所有 I/O 设备分时复用的。设备传送数据时要占用总线，不传送数据时该设备必须对总线呈高阻状态。利用 I/O 接口的三态缓冲功能，可以实现 I/O 设备与数据总线的隔离，从而实现 I/O 设备的总线共享。

（3）信号转换　由于 I/O 设备的多样性，必须利用 I/O 接口实现单片机与 I/O 设备间信号类型（数字与模拟、电流与电压）、信号电平（高与低、正与负）、信号格式（并行与串行）等的转换。

（4）时序协调　单片机输入数据时，只有在确认输入设备已向 I/O 接口提供了有效的数据后，才能进行读操作；单片机输出数据时，只有在确认输出设备已经做好了接收数据的准备后，才能进行写操作。不同 I/O 设备的定时与控制逻辑是不同的，且与 CPU 的时序往往是不一致的，这就需要 I/O 接口进行时序协调。

2. 单片机与 I/O 设备的数据传送方式

不同的 I/O 设备，需用不同的传送方式。CPU 可以采用无条件传送、查询传送、中断传送和 DMA 传送与 I/O 设备进行数据交换。

（1）无条件传送　无条件传送方式不用测试 I/O 设备的状态，只在规定的时间单片机用输入或输出指令来进行数据的输入或输出，即用程序来定时同步传送数据。

数据输入时，所选数据端口的数据必须已经准备好，即输入设备的数据已送到 I/O 接口的数据端口，单片机直接执行输入指令；数据输出时，所选数据端口必须为空（已取走），即数据端口处于准备接收数据状态，单片机直接执行输出指令。这种方式只适用于对简单 I/O 设备的操作，如开关、LED 显示器、继电器等。

（2）查询传送方式　单片机在执行输入/输出指令前，首先要查询 I/O 接口的状态端口的状态。数据输入时，用输入状态指示要输入的数据是否已准备就绪；数据输出时，用输出状态指示输出设备是否空闲，然后来决定是否可以执行输入/输出。查询传送方式与无条件传送方式不同的是有条件的异步传送。

当单片机工作任务较少时，用查询传送方式可以很好的协调中、慢速的 I/O 设备与单片机之间的速度差异问题。其主要缺点是单片机必须执行程序循环等待，不断测试 I/O 设备的状态，直至 I/O 设备为传送的数据准备就绪。这种循环等待方式花费时间多，降低了单片机的运行速率。

（3）中断传送方式　查询传送方式会降低单片机的运行速率，而且在一般实时控制系统中，往往有数十乃至数百个 I/O 设备，有些设备还要求单片机为它们进行实时服务。若都采用查询状态方式不仅会浪费大量的查询等待时间，还很难及时地响应 I/O 设备的要求。

采用中断传送方式，I/O 设备由被动变为主动，可以主动申请中断。所谓中断是指 I/O 设备或其他中断源终止单片机当前正在执行的程序，转去执行为该设备服务的中断程序。一且中断服务程序结束，再返回到原来执行的程序，接着执行原来的程序。这样，在 I/O 设备处理数据期间，单片机就不必浪费大量的时间去查询 I/O 设备的状态。

中断传送方式能够使单片机与 I/O 设备同时工作，大大提高了工作效率。

（4）DMA 传送方式　利用中断传送方式虽然可以提高单片机的工作效率，但仍需单片机通过执行程序来传送数据，并在处理中断时，还要保护现场和恢复现场，而这两部分操作的程序段又与数据传送没有直接关系，却要占用一定的时间。这对于高速外设以及成组交换数据的场合，就显得太慢了。

DMA 传送方式是一种采用专用硬件电路执行输入/输出的传送方式，它可使 I/O 设备直接与内存进行高速的数据传送，而不必经过 CPU 执行传送程序，这就不必进行现场保护的额外的操作，实现了对存储器的直接存取。这种传送方式通常采用专门的硬件 DMA 控制器，也可以选用具有 DMA 通道的单片机。

3. I/O 口扩展方式

51 系列单片机具有 4 个并行的 I/O 口（P0、P1、P2、P3），但 P0 口和 P2 口往往用来作为外部 ROM、RAM 和扩展 I/O 口的地址线使用，只有 P1 口和 P3 口可作为通用 I/O 口使用，而 P3 口往往用其第二功能，故实际常用来作 I/O 口使用的就仅剩下 P1 口，如外接较多的 I/O 设备（打印机、键盘、显示器等），显然就需要扩展 I/O 口。

I/O 口扩展一般是扩展并行接口，通常有三种方法：

1）利用可编程并行接口芯片进行扩展，如 8155、8255 等都是可编程的并行 I/O 口芯片。

2）利用锁存器、三态门电路扩展。在一些应用系统中，常利用 TTL 电路或 CMOS 电路进行并行数据的输入或输出。51 系列单片机将片外扩展的 I/O 口和片外 RAM 统一编址，扩展的接口相当于扩展的片外 RAM 的单元，访问外部接口就像访问外部 RAM 一样，使用的都是 MOVX 指令，并产生读或写信号，利用读/写信号作为输入/输出控制信号，如 74LS373（或 74LS273、74LS377 等）扩展输出，74LS244（或 74LS245）扩展输入。

利用锁存器进行扩展：连接在两条总线之间，在某时刻脉冲信号的触发下，将一总线上的数据显示在另一总线上，直到下一个脉冲信号来之前，都保持不变。

利用三态门进行扩展：指逻辑门的输出除有高低电平两种状态外，还有第三种状态——高阻状态，高阻状态相当于隔断状态。

3）利用串口的移位寄存器工作方式（工作方式 0）扩展 I/O 口。这时所扩展的 I/O 口不占用片外的 RAM 地址。

当串口工作在工作方式 0 时，为同步移位寄存器，可用 74LS164、74LS165 扩展 I/O 口。74LS165 是并行输入、串行输出的 8 位移位寄存器，可用于扩展并行输入口；74LS164 是串行输入、并行输出的 8 位移位寄存器，可用于扩展并行输出口。

4.2.2　51 系列单片机 I/O 接口扩展实验

1. 实验目的

1）掌握 51 系列单片机系统 I/O 口扩展方法。

2）掌握 8255 并口芯片的性能以及编程使用方法。

3）了解软件、硬件调试技术。

2. 实验内容与原理

（1）实验内容　利用 8255 可编程并口芯片，实现 I/O 口扩展实验，实验中用 8255 的 PA 口作输出，PB 口作输入。

（2）实验原理

1）8255 芯片的结构。8255 芯片是一种在单片机应用系统中广泛应用的通用可编程并行 I/O 接口器件，与单片机的接口非常简单。

本实验也采用 8255 扩展 I/O 口。它具有 3 个 8 位并口 PA、PB、PC，下面是对 8255 芯片的简单介绍。

① 数据总线：是一个双向三态门，8 位驱动口，用于和单片机的数据总线相连，实现单片机与 8255 芯片间的数据传送。

② 3 个并行 I/O 口如下：

PA 口具有一个 8 位数据输出锁存/缓冲器和一个 8 位数据输入锁存器，最为灵活，可编程为 8 位输入、输出或者双向寄存器；

PB 口具有一个 8 位数据输入/输出锁存/缓冲器和一个 8 位数据输入缓冲器（不带锁存功能），可编程为 8 位的输入或输出寄存器，但不能为双向寄存器；

PC 口具有一个 8 位数据锁存/缓冲器和一个 8 位数据输入缓冲器（不带锁存功能）。这个口可分为两个 4 位口使用。

③ 读/写控制逻辑：用于管理所有的数据、控制字或状态字的传送，接收单片机的地址线和控制信号来控制各个口的工作状态。

④ 工作方式控制电路：分为两部分（A 组和 B 组），每组控制电路从读/写逻辑接收各种命令，从内部数据总线接收控制字（即指令）并发出适当的指令到相应的端口。其中，A 组控制电路控制 PA 口及 PC 口的高 4 位；B 组控制电路控制 PB 口及 PC 口的低 4 位。

2）引脚介绍（40 个引脚）。8255 芯片的引脚排列如图 4-9 所示。

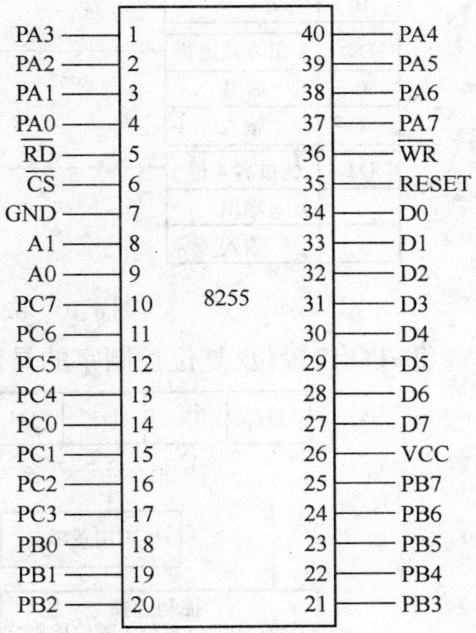

① 数据总线：D0 ~ D7（CPU 与 8255 芯片相连的接口），PA0 ~ PA7、PB0 ~ PB7、PC0 ~ PC7（8255 芯片与外部设备相连）。

② 控制线：

$\overline{\text{RD}}$ 为读控制信号。$\overline{\text{RD}} = 0$ 有效，允许单片机从 8255 读取数据或者状态字。

$\overline{\text{WR}}$ 为写控制信号。$\overline{\text{WR}} = 0$ 有效，允许单片机将数据或控制字写入 8255。

图 4-9　8255 芯片的引脚排列

$\overline{\text{CS}}$ 为片选通信号。

A0 和 A1 为地址选择信号线，用于选择 4 个内部端口寄存器中的一个，具体见表 4-6。

表 4-6 地址选择信号线与寄存器选择对应表

A1	A0	寄存器选择	A1	A0	寄存器选择
0	0	选中寄存器 A	1	0	选中寄存器 C
0	1	选中寄存器 B	1	1	控制寄存器

RESET 为复位信号输入端。RESET = 1 时，8255 芯片复位，复位后控制寄存器清零，PA、PB、PC 口均为输入方式。

VCC 为主电源输入端。

GND 为接地端。

3）8255 的控制字。8255 的工作方式选择是通过对控制口输入控制字（或命令字）的方式实现的，控制字有方式选择控制字和 PC 口置位/复位控制字。

① 方式选择控制字的具体功能如图 4-10 所示。

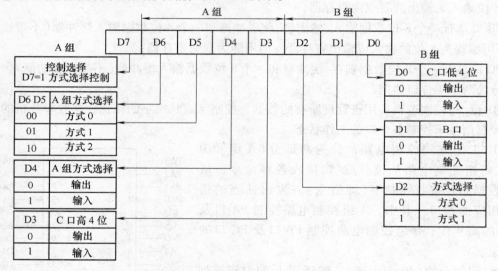

图 4-10 8255 芯片方式选择控制字的具体功能

② PC 口置位/复位控制字的具体功能如图 4-11 所示。

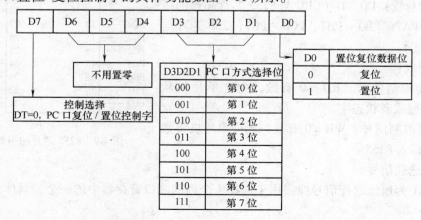

图 4-11 8255 芯片 PC 口置位/复位控制字的具体功能

4）8255 芯片的工作方式。

工作方式 0：基本输入/输出方式。工作方式 0 是一种基本的输入/输出工作方式。在这种方式下，3 个端口都可以由程序设置为输入口或者输出口，不需要任何选通信号。作为输出口时，输出数据锁存；作为输入口时，输入数据不锁存。在工作方式 0 下，PA 口、PB 口和 PC 口的任何一个端口的高 4 位和低 4 位都可以分别定义为输入口或者输出口。这种工作方式适用于无条件传输数据的设备。

工作方式 1：选通输入/输出方式。工作方式 1 是一种选通式输入/输出工作方式。PA 口、PB 口、PC 口 3 个端口分为两组，即 A 组和 B 组。

A 组包含 PA 口和 PC 口的高 4 位，其中 PA 口可编程设定为输入口或输出口，PC 口的高 4 位用做输入/输出操作的控制联络信号，此时 PA 口的输入数据或输出数据都被锁存。

B 组包含 PB 口和 PC 口的低 4 位，其中 PB 口可编程设定为输入口或输出口，PC 口的低 4 位用做输入/输出操作的控制联络信号，此时 PB 口的输入数据或输出数据都被锁存。

8255 芯片工作在方式 1 时的 A、B 组控制情况见表 4-7。

表 4-7　方式 1 时的 A、B 组控制情况表

A 组	PA 口	I/O	输入/输出数据均锁存
	PC 口高 4 位	控制联络信号	
B 组	PB 口	I/O	
	PC 口低 4 位	控制联络信号	

工作方式 2：双向选通输入、输出方式。工作方式 2 仅适用于 PA 口，PA 口为 8 位的双向数据总线端口，既可以发送数据也可以接收数据。在这种工作方式下，PC 口的高 4 位用来作为输入/输出的控制联络信号。只有 PA 口允许作为双向三态数据总线口使用，此时 B 口和 C 口的低 4 位则可编程为工作方式 0 和工作方式 1。

工作方式 2 时的 A、B 组控制情况见表 4-8。

表 4-8　方式 2 时的 A、B 组控制情况表

A 组	PA 口	PC 口高 4 位
	双向总线	控制联络信号
B 组	PB 口	工作于方式 0 或 1
	PC 口低 4 位	

本实验采用的是工作方式 0：PA 口作为数据输出口，PB 口作为数据输入口，本实验的电路连接原理如图 4-12 所示。很多 I/O 实验都可以通过 8255 芯片来实现。

3. 实验仪器与器件

1）QSWD-PBD3 型单片机综合实验装置（单片机最小系统、8255 扩展模块、锁存模块、数据开关模块、发光二极管模块）一台。

2）TKS-52B 型仿真器一只。

3）8255 芯片、74LS373 芯片各一只。

4）连接线数根。

4. 实验步骤

1）本实验的电路连接关系如图 4-12 所示，利用导线将各模块连接起来。具体连线

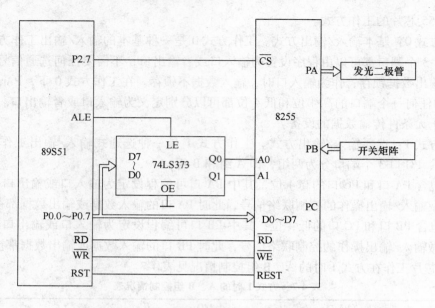

图 4-12　8255 芯片与单片机连接原理

如下：

　　单片机的 P0 口连接到 74LS373 芯片的 D0 ~ D7；

　　单片机的 P0 口同时连接到 8255 芯片的 D0 ~ D7；

　　单片机 P2.7 端连接到 8255 芯片的 $\overline{CS}$；

　　单片机的 $\overline{RD}$（P3.7）端连接到 8255 芯片的 $\overline{RD}$ 端；

　　单片机的 $\overline{WR}$（P3.6）端连接到 8255 芯片的 WE 端；

　　单片机的 RST 端连接到 8255 芯片的 REST 端；

　　8255 芯片的 PA 口连接到发光二极管；

　　8255 芯片的 PB 口连接到开关矩阵；

　　8255 芯片的 A0 端连接到 74LS373 芯片的 Q0；

　　8255 芯片的 A1 端连接到 74LS373 芯片的 Q1。

2）运行 Keil μVision2 软件，新建一个工程文件。

3）输入并编辑源程序文件，并且编译生成 HEX 文件。

4）用仿真器进行硬件仿真。

5）运行实验程序，拨动数据开关，观察发光二极管的亮灭情况，并分析结果。

5. 参考程序

```
PORTA   EQU   7FFCH        ;PA 口
PORTB   EQU   7FFDH        ;PB 口
PORTC   EQU   7FFEH        ;PC 口
CADDR   EQU   7FFFH        ;控制字地址
ORG     0000H
LJMP    START
ORG     0003H
RETI
```

```
        ORG    000BH
        RETI
        ORG    0013H
        RETI
        ORG    001BH
        RETI
        ORG    0023H
        RETI
        ORG    30H
START:  MOV    A,#82H        ;工作方式 0,PA 口、PC 口输出,PB 口输入
        MOV    DPTR,#CADDR
        MOVX   @DPTR,A
        MOV    DPTR,#PORTB
        MOVX   A,@DPTR       ;读入 PB 口
        MOV    DPTR,#PORTA
        MOVX   @DPTR,A       ;输出到 PA 口
        LJMP   START
        END
```

6. 实验报告

1) 画出实验原理图。

2) 写出实验程序。

3) 记录发光二极管的显示情况。

4.2.3　巩固与拓展练习

学习 8155 芯片的相关资料，独立完成其对单片机的连接图，并初始化 8155 芯片，将立即数 88H 写入 8155 的 RAM 的 52H 单元。

4.3　51 系列单片机键盘接口

4.3.1　51 系列单片机键盘接口基础知识

键盘是由若干个按键组成的，它是最常用的人机对话输入设备。用户可以通过键盘向计算机输入指令、地址和数据。键盘有两种基本类型：编码键盘和非编码键盘。

编码键盘本身除了按键以外，还包括产生键码的硬件电路。这种键盘键数较多，具有去抖动功能，但价格较高，一般的单片机应用系统较少采用。

非编码键盘是靠软件来识别键盘上的闭合键，由此计算出键码。非编码键盘几乎不需要附加硬件逻辑，具有结构简单、使用灵活等特点，在单片机应用系统中被普遍使用。这里着重介绍非编码键盘接口。

1. 按键开关的抖动问题

按键就是一个简单的开关，当按键按下时，相当于开关闭合；按键松开时相当于开关断开。按键的闭合和断开时，触点会存在抖动现象，按键和键抖动如图 4-13 所示。

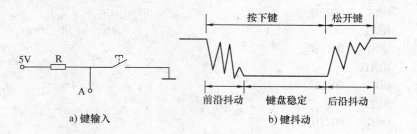

a) 键输入　　　　　　　　　　　b) 键抖动

图 4-13　按键和键抖动

这种抖动对于人来说是感觉不到的，但对计算机来说则是不可忽略的，因为计算机处理的速度是在微秒级，而机械抖动的时间至少是毫秒级的。按键的抖动时间一般为 5～10ms，抖动可能造成一次按键的多次处理问题，应采取措施消除抖动的影响。消除抖动的方法有很多种，常采用软件延时 10ms 的方法。

软件延时去抖动的方法的实施过程为：当单片机检测到有键按下时先延时 10ms，然后再检测按键的状态，若仍然是闭合状态则认为真正有键按下。当检测到按键释放时，也需要做相同的处理。

2. 独立式键盘及其接口

每个键相互独立，各自与一条 I/O 线相连，CPU 可直接读取该 I/O 线的高/低电平状态。其优点是硬件、软件结构简单，判键速度快，使用方便；缺点是占 I/O 口线多。独立键盘多用于设置控制键、功能键，适用于键数少的场合。

独立式键盘接口硬件的各个按键相互独立，每个按键独立地与一根数据输入线（单片机并口或者其他接口芯片）相连，如图 4-14 所示。

独立式键盘接口软件管理程序的功能是检测有无键闭合，消除抖动，根据键号转到相应的键处理程序。独立式键盘的软件可以采用随机扫描、定时扫描和中断扫描三种方式。

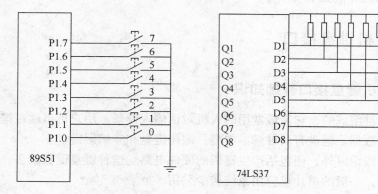

a) 芯片内有上拉电阻　　　　　　　　　　b) 芯片内无上拉电阻

图 4-14　独立式键盘及其连接

3. 矩阵式键盘及其接口

矩阵式键盘接口采用行列式结构，各键处于矩阵行/列的结点处，CPU 通过对连在行（列）的 I/O 线送已知电平信号，然后读取列（行）线的状态信息，逐线扫描，得出键码。这种键盘的特点是键多时占用 I/O 口线少，硬件资源利用合理，但判键速度慢，多用于设置数字键，适用于键数多的场合。

4×4 矩阵式键盘的原理电路如图 4-15 所示，键盘的行线通过电阻接 5V。当键盘上没有键闭合时，所有的行线与列线是断开的，行线 D7～D4 均为高电平；当某键闭合时，则该键所对应的行线与列线短路。利用这一点，采用扫描方法检测键盘有无键按下，然后再判断键号。先将列线全送 0，若行线不全为 1，则有键按下，否则无键按下；若有键按下，再将列线逐列置低电平，检查行线状态来判断键盘中哪个键按下。逐行逐列地检查键盘状态的过程称为对键盘的一次扫描。

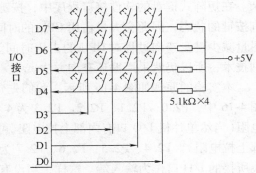

图 4-15　4×4 矩阵式键盘的原理电路

在实际系统中，键盘扫描只是 CPU 的工作内容之一。CPU 在忙于各项工作任务时，既要兼顾键盘扫描，又不要过多占用 CPU 时间。为此，要根据实际情况，选择好键盘的工作方式。

（1）编程扫描方式　编程扫描方式是在 CPU 的工作空余，调用键盘扫描子程序，响应键输入要求；当 CPU 执行键功能程序时，不再响应键输入要求。

（2）定时扫描方式　定时扫描方式是利用定时器产生定时（10ms）中断，CPU 响应中断后对键盘进行扫描，并在有键闭合时转入该键的功能处理程序。定时扫描的键盘电路与编程方式相同。定时扫描的优点是能及时地响应键输入，缺点是无论有无键闭合 CPU 都要定时扫描，浪费 CPU 时间。

（3）中断扫描方式　在程序扫描或定时扫描方式中，CPU 可能空扫描或不能及时响应键输入。为了克服这一缺点，可以采用中断扫描方式。如果键盘中无键闭合，CPU 执行当前程序；当有键闭合时，发出中断请求，CPU 在中断服务程序中完成键扫描和执行键功能程序。中断扫描既能及时处理键输入，又能提高 CPU 运行效率。

4.3.2　51 系列单片机键盘接口实验

1. 实验目的

1）掌握 4×4 矩阵式键盘的识别原理以及编程方法。

2）掌握软件消除抖动的编程方法。

2. 实验内容与原理

（1）实验内容　对 4×4 矩阵式键盘的每个按键都按照其行值和列值组合成相应的按键编码。确定有无键按下，并判断哪一个键按下。当按键按下时，在数码管上显示相应的值 0～F，还要消除按键在闭合或断开时的抖动。

（2）实验原理　当键盘中按键数量较多时，为了减少对 I/O 口的占用，通常将按键排列成矩阵形式，也称为行列键盘，这是一种常见的连接方式。矩阵式键盘接口如图 4-15 所示，它由行线和列线组成，按键位于行、列的交叉点上。当键被按下时，其交点的行线和列线接通，相应的行线或列线上的电平发生变化，单片机通过检测行或列线上的电平变化可以确定哪个按键被按下。

　　矩阵式键盘接口不仅在连接上比独立式键盘复杂，它的按键识别方法也比独立式键盘复杂。在矩阵式键盘的软件接口程序中，按键识别的基本思路是采用循环查询的方法，反复查询按键的状态，因此会大量占用 CPU 的时间，所以较好的方式也是采用中断的方法来设计，尽量减少键盘查询过程对 CPU 的占用时间。在本实验中只是简单演示矩阵式键盘的按键识别技术，所以仍然采用循环查询方法。

　　本实验的原理如图 4-16 所示，我们先介绍采用行扫描法对矩阵式键盘进行判别的思路。图 4-16 中，P2.0、P2.1、P2.2、P2.3 为 4 根行线，这 4 根行线通过电阻接正电源，即上拉电阻（当然单片机 I/O 口有内部上拉电阻，可以设置内部上拉电阻使能，从而不用连接 4 个外部上拉电阻）。P2.4、P2.5、P2.6、P2.7 为 4 根列线，将列线所接的 I/O 口作为输出端，行线所接的 I/O 口作为输入端。这样，当没有按键按下时，所有的输入端都是高电平。设置列线输出低电平，一旦有键按下，则输入线会被拉低，这样通过读取输入线的状态就可以得知是否有按键按下。行扫描法按键识别的过程如下：

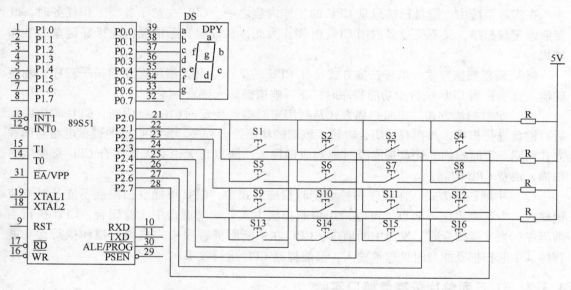

图 4-16　单片机与矩阵式键盘的连接原理

　　1）判断键盘中是否有按键按下。将全部列线 P2.4 ～ P2.7 置低电平输出，然后读 P2.0 ～ P2.3 这 4 根输入行线的状态。只要有低电平出现，则说明有键按下（实际编程时，还要考虑按键的消抖）；如读到的都是高电平，则表示无键按下。

　　2）判断闭合键所在位置。在确认有键按下后，即可进入确定具体哪个键按下的过程。其思路是：依次将 4 根列线分别置为低电平，即在某根列线置为低电平时，其余列线为高电平，在确定某根列线置为低电平后，再逐列检查各行线的电平状态，若某行为低电平，则该行线与置为低电平的列线交叉处的按键就是闭合的按键。

　　矩阵按键的识别仅仅是确认和定位了行和列的交叉点上的按键，接下来还要考虑键盘的编码，即对各个按键进行编号。在软件中常通过计算或查表的方法对按键进行具体的定义和编号。本实验采用查表的方式进行。

在单片机系统中，键盘扫描只是工作内容之一。CPU 除了要检测键盘和处理键盘操作之外，还要进行其他事件的处理，因此，CPU 如何响应键盘的输入，需要在实际程序设计时认真考虑。

通常，完成键盘扫描和处理的程序是系统程序中的一个专用子程序，MCU 调用该键盘扫描子程序对键盘进行扫描和处理的方式有三种：程序控制扫描、定时扫描和中断扫描。

3. 实验仪器与器件

1）QSWD-PBD3 型单片机综合实验装置（单片机最小系统、矩阵式键盘模块、数码管显示模块）一台。

2）TKS-52B 型仿真器一只。

3）连接线数根。

4. 实验步骤

1）根据矩阵式键盘工作原理，将各模块连接起来。具体连线如下所示：

单片机的 P0 口连接到动态显示模块左边的 8P 排座；

单片机的 P1 口连接到动态显示模块右边的 8P 排座；

单片机的 P2 口连接到矩阵式键盘模块的 8P 排座；

单片机的 $\overline{EA}$ 端连接到 5V 电源。

2）运行 Keil μVision2 软件，新建一个工程文件。

3）输入并编辑源程序文件，并且编译生成 HEX 文件。

4）用仿真器进行硬件仿真。

5）运行实验程序，按下矩阵式键盘的各键，观察数码管的显示情况，并分析结果。

5. 参考程序

```
        KEYBUF   EQU    30H
        ORG      0000H
START:  MOV      P2,#0FFH
        CLR      P2.0
        MOV      KEYBUF,#2
WAIT:   MOV      P3,#0FFH
        CLR      P3.4
        MOV      A,P3
        ANL      A,#0FH
        XRL      A,#0FH
        JZ       NOKEY1
        LCALL    DELY10MS
        MOV      A,P3
        ANL      A,#0FH
        XRL      A,#0FH
        JZ       NOKEY1
        MOV      A,P3
        ANL      A,#0FH
        CJNE     A,#0EH,NK1
```

```
              MOV      KEYBUF,#0
              LJMP     DK1
NK1:          CJNE     A,#0DH,NK2
              MOV      KEYBUF,#1
              LJMP     DK1
NK2:          CJNE     A,#0BH,NK3
              MOV      KEYBUF,#2
              LJMP     DK1
NK3:          CJNE     A,#07H,NK4
              MOV      KEYBUF,#3
              LJMP     DK1
NK4:          NOP
DK1:          MOV      A,KEYBUF
              MOV      DPTR,#TABLE
              MOVC     A,@A+DPTR
              MOV      P0,A
DK1A:         MOV      A,P3
              ANL      A,#0FH
              XRL      A,#0FH
              JNZ      DK1A
NOKEY1:       MOV      P3,#0FFH
              CLR      P3.5
              MOV      A,P3
              ANL      A,#0FH
              XRL      A,#0FH
              JZ       NOKEY2
              LCALL    DELY10MS
              MOV      A,P3
              ANL      A,#0FH
              XRL      A,#0FH
              JZ       NOKEY2
              MOV      A,P3
              ANL      A,#0FH
              CJNE     A,#0EH,NK5
              MOV      KEYBUF,#4
              LJMP     DK2
NK5:          CJNE     A,#0DH,NK6
              MOV      KEYBUF,#5
              LJMP     DK2
NK6:          CJNE     A,#0BH,NK7
              MOV      KEYBUF,#6
              LJMP     DK2
NK7:          CJNE     A,#07H,NK8
```

```
                MOV         KEYBUF,#7
                LJMP        DK2
NK8：           NOP
DK2：           MOV         A,KEYBUF
                MOV         DPTR,#TABLE
                MOVC        A,@ A + DPTR
                MOV         P0,A
DK2A：          MOV         A,P3
                ANL         A,#0FH
                XRL         A,#0FH
                JNZ         DK2A
NOKEY2：        MOV         P3,#0FFH
                CLR         P3.6
                MOV         A,P3
                ANL         A,#0FH
                XRL         A,#0FH
                JZ          NOKEY3
                LCALL       DELY10MS
                MOV         A,P3
                ANL         A,#0FH
                XRL         A,#0FH
                JZ          NOKEY3
                MOV         A,P3
                ANL         A,#0FH
                CJNE        A,#0EH,NK9
                MOV         KEYBUF,#8
                LJMP        DK3
NK9：           CJNE        A,#0DH,NK10
                MOV         KEYBUF,#9
                LJMP        DK3
NK10：          CJNE        A,#0BH,NK11
                MOV         KEYBUF,#10
                LJMP        DK3
NK11：          CJNE        A,#07H,NK12
                MOV         KEYBUF,#11
                LJMP        DK3
NK12：          NOP
DK3：           MOV         A,KEYBUF
                MOV         DPTR,#TABLE
                MOVC        A,@ A + DPTR
                MOV         P0,A
DK3A：          MOV         A,P3
                ANL         A,#0FH
```

```
                XRL      A,#0FH
                JNZ      DK3A
NOKEY3：  MOV      P3,#0FFH
                CLR      P3.7
                MOV      A,P3
                ANL      A,#0FH
                XRL      A,#0FH
                JZ       NOKEY4
                LCALL    DELY10MS
                MOV      A,P3
                ANL      A,#0FH
                XRL      A,#0FH
                JZ       NOKEY4
                MOV      A,P3
                ANL      A,#0FH
                CJNE     A,#0EH,NK13
                MOV      KEYBUF,#12
                LJMP     DK4
NK13：       CJNE     A,#0DH,NK14
                MOV      KEYBUF,#13
                LJMP     DK4
NK14：       CJNE     A,#0BH,NK15
                MOV      KEYBUF,#14
                LJMP     DK4
NK15：       CJNE     A,#07H,NK16
                MOV      KEYBUF,#15
                LJMP     DK4
NK16：       NOP
DK4：        MOV      A,KEYBUF
                MOV      DPTR,#TABLE
                MOVC     A,@A+DPTR
                MOV      P0,A
DK4A：       MOV      A,P3
                ANL      A,#0FH
                XRL      A,#0FH
                JNZ      DK4A
NOKEY4：  LJMP     WAIT
DELY10MS：MOV      R6,#10
D1：         MOV      R7,#248
                DJNZ     R7,$
                DJNZ     R6,D1
                RET
TABLE：     DB 03H,99H,01H,0E5H
```

```
        DB 9FH,49H,09H,85H
        DB 25H,41H,11H,61H
        DB 0DH,1FH,0C1H,71H
        END
```

6. 实验报告

1）画出实验原理图。

2）写出实验程序。

3）记录数码管的显示情况。

4.3.3　巩固与拓展练习

学习 8279 芯片的相关资料，并利用 8279 芯片构成键盘及显示接口电路，独立完成其对单片机的连接图，并初始化 8279 芯片，实现当按下某一键时，显示器显示相应的值。

4.4　51 系列单片机显示器接口

4.4.1　51 系列单片机显示器接口基础知识

显示器是单片机应用系统常用的设备，显示器接口是实现单片机信息输出的重要部分。用户的程序、数据、命令等都需要通过显示装置才能显示，才能知道输入的正确与否。目前单片机应用中，常用的有 LED 显示器和 LCD 两大类，显示方式也有静态显示和动态显示两种。

1. LED 显示器

LED 是发光二极管英文 Light Emitting Diode 的缩写，LED 器件种类繁多，早期的 LED 产品是单个发光管，随着数字化设备的出现，LED 应用领域大大扩大，LED 数码管的字符管得到了广泛的应用，LED 点阵等显示器的出现，适应了信息化社会发展的需要，成为了大众传媒的重要工具。不管显示器的结构怎么变，它的核心部件都是发光半导体芯片。

LED 发光二极管和数码管是单片机应用系统的主要显示器。发光二极管可以用于状态的指示，数码管用于数字和字符的显示。LED 显示器有静态显示和动态显示两种，与单片机的接口也有并行的或串行的两种方式。由于单片机接口的驱动能力较差，一般需要在单片机和 LED 之间加接电路实现译码驱动。应该根据 LED 数码管的位数和电流大小来决定接口电路的形式。

2. LCD

LCD 是液晶显示器英文 Liquid Crystal Display 的缩写，为平面超薄的显示器。LCD 内部有一定数量的彩色或黑白像素，放置于光源或者反射面前方。液晶显示器功耗很低，因此备受工程师青睐，适用于使用电池的电子设备。它的主要原理是以电流刺激液晶分子产生点、线、面配合背部灯管构成画面。

LCD 具有工作电压低、功耗小、寿命长，可以显示各种复杂的文字和图形曲线的优点，在各种单片机应用系统中有广泛的使用。LCD 的驱动方式由电极引线的选择方式确定，因此在选择好 LCD 后，用户无法改变驱动方式。LCD 的驱动方式一般有静态驱动和时分割驱动两种。在静态显示方式中，某个液晶显示字段上两个电极的电压相同时，两电极的相对电压为零，该字段不显示；当此字段上两个电极的电压相位相反时，两个电极的相对电压为两倍幅值方波电压，该字段呈黑色显示。时分割驱动方式通常采用电压平均化法，其占空比有 1/2、1/8、1/16、1/32、1/64 等。

LCD 有字段型、字符型、点阵图形型。在使用时，有的液晶显示器内部有控制器，使用比较方便。

4.4.2　51 系列单片机 LED 数码管显示器接口实验

1. 实验目的

1）掌握 LED 数码管的基本知识。

2）掌握 LED 动态扫描显示的原理和编程方法。

2. 实验内容与原理

（1）实验内容　对实验台的 LED 模块进行动态扫描实验，分别在 8 个数码管中显示 1，2，3，4，5，6，7，8。采用查表的方式来完成。

（2）实验原理　在单片机系统中，经常用 LED（发光二极管）数码管显示器来显示单片机系统的工作状态、运算结果等各种信息，LED 数码管显示器是单片机与人对话的一种重要输出设备。

1）LED 数码管显示器的构造及特点。图 4-17 是 LED 数码管显示器的构造。它实际上是由 8 个发光二极管构成，其中 7 个发光二极管排列成"8"字形的笔画段，另一个发光二极管为圆点形状，安装在显示器的右下角作为小数点使用。通过发光二极管亮暗的不同组合，可显示出 0～9 的阿拉伯数字符号以及其他能由这些笔画段构成的各种字符。

图 4-17　LED 数码显示器的构造

LED 数码显示器的内部结构共有两种不同形式，一种是共阳极显示器，其内部电路如图 4-18a 所示，即 8 个发光二极管的正极全部连接在一起组成公共端，8 个发光二极管的负极各自独立引出，使用时公共阳极接 5V，这时阴极接低电平的发光二极管就导通点亮，而接高电平的则不点亮。另一种是共阴极显示器，其内部电路如图 4-18b 所示，即 8 个发光二极管的负极全部连接在一起组成公共端，8 个发光二极管的正极则各自独立引出，使用时公共阴极接地，这时阳极接高电平

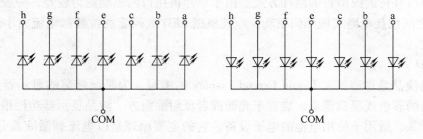

a) 共阳极显示器内部电路　　　　　b) 共阴极显示器内部电路

图 4-18　LED 数码管的内部电路

的发光二极管就导通点亮,而接低电平的则不点亮。

驱动电路中限流电阻 R 的阻值,通常根据 LED 的工作电流计算而得到,$R = (V_{CC} - V_{led})/I_{led}$。其中,$V_{CC}$ 为电源电压(5V),V_{led} 为 LED 的压降(一般取 2V 左右),I_{led} 为工作电流(可取 $1 \sim 20mA$)。R 通常取数百欧。

实验中使用的 89S51 单片机,其 P0 ~ P3 口具有 20mA 的灌电流输出能力,因此可直接驱动共阳极的 LED 数码显示器。

为了显示数字或符号,要为 LED 数码管显示器提供代码,因为这些代码是为显示字形的,因此称之为字形代码。七段发光二极管,再加上一个小数点位,共计 8 位代码,由一个数据字节提供。各数据位的对应关系见表 4-9。

表 4-9　LED 显示器数据位的对应关系表

数 据 位	D7	D6	D5	D4	D3	D2	D1	D0
显示段	h	g	f	e	d	c	b	a

LED 数码显示器的字形(段)码表见表 4-10。

表 4-10　LED 数码显示器的字形(段)码表

显示字形	字形码(共阳极)	字形码(共阴极)	显示字形	字形码(共阳极)	字形码(共阴极)
0	C0H	3FH	9	90H	6FH
1	F9H	06H	A	88H	77H
2	A4H	5BH	B	83H	7CH
3	B0H	4FH	C	C6H	39H
4	99H	66H	D	A1H	5EH
5	92H	6DH	E	86H	79H
6	82H	7DH	F	8EH	71H
7	F8H	07H	熄灭	FFH	00H

2) LED 数码管显示器的显示方法。在单片机应用系统中,LED 数码管显示器的显示方法有两种:静态显示法和动态扫描显示法。

① 静态显示法。所谓静态显示,就是每一个显示器各笔画段都要独占有锁存功能的输出口线,CPU 把欲显示的字形代码送到输出口上,就可以使显示器显示出所需的数字或符号,此后即使 CPU 不再去访问它,显示的内容也不会消失(因为各笔画段接口具有锁存功能)。

静态显示法的优点是显示程序十分简单,显示亮度大,由于 CPU 不必经常扫描显示器,所以节约了 CPU 的工作时间。但静态显示也有其缺点,主要是占用的 I/O 口线较多,硬件成本也较高。所以静态显示法常用在显示器数目较少的应用系统中。

静态显示接口硬件电路如图 4-19 所示,由 74LS273(8D 锁存器)作扩展输出口,输出控制信号由 P2.0 和 $\overline{WR}$ 合成,当二者同时为 0 时,或门输出为 0,将 P0 口数据锁存到 74LS273 中,口地址为 FEEEH。输出口线的低 4 位和高 4 位分别接 BCD-7 段显示译码驱动器 74LS47,

它们驱动两位数码管作静态的连续显示。

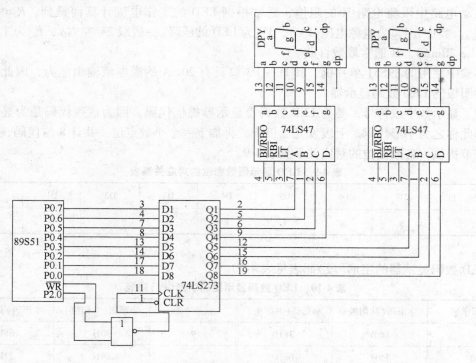

图 4-19 静态显示接口硬件电路

② 动态扫描显示法。人眼的亮度感觉不会因光源的消失而立即消失，要有一个延迟时间，这就是视觉的惰性。视觉惰性可以理解为光线对人眼视觉的作用、传输、处理等过程都需要时间，因而使视觉具有一定的低通性。实验表明，当外界光源突然消失时，人的眼睛的亮度感觉是按照指数规律逐渐减小的。这样当在一个光源反复通断的情况下，当通断频率较低时，人的眼睛可以发现亮度的变化；而通断频率增高时，视觉就逐渐不能发现相应的亮度变化了。不至于引起闪烁感觉的最低反复通断频率称为临界闪烁频率。实验证明，临界闪烁频率大约为 24Hz，因此采用每秒 24 幅画面的电影，在人看起来就是连续活动的图像了。人们在观察高于临界闪烁频率的反复通断的光线时，所得到的主观亮度感受实际上是客观亮度的平均值。视觉惰性可以说是动态扫描显示法得以广泛应用的生理基础。

动态扫描显示法是单片机应用系统中最常用的显示方式之一。它是把所有显示器的 8 个笔画段 a ~ h 的各端互相并接在一起，并把它们接到字段输出口上。为了防止各个显示器同时显示相同的数字，各个显示器的公共端 COM 还要受到另一组信号控制，即把它们接到位输出口上。这样，一组 LED 数码管显示器需要由两组信号来控制：一组是字段输出口输出的字形代码，用来控制显示的字形，称为段码；另一组是位输出口输出的控制信号，用来选择第几位显示器工作，称为位码。在这两组信号的控制下，可以一位一位地轮流点亮各个显示器显示各自的数码，以实现动态扫描显示。在轮流点亮一遍的过程中，每位显示器点亮的时间则是极为短暂的(1 ~ 5ms)。由于 LED 具有余辉特性以及人眼视觉的暂留效应，尽管各位显示器实际上是分时断续地显示，但只要适当选取扫描频率，给人眼的视觉印象就会是在连续稳定地显示，并不会察觉有闪烁现象。动态扫描显示时，由于各个数码管的字段线是并联使用的，因而大大简化了硬件线路。图 4-20 为动态显示示意图。

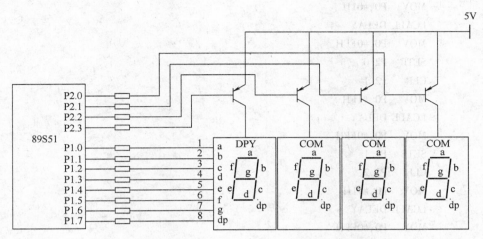

图 4-20　动态显示示意图

在实际的单片机系统中，LED 显示程序都是作为一个子程序供监控程序调用，因此各位显示器都扫过一遍之后，就返回监控程序；返回监控程序后，进行一些其他操作，再调用显示扫描程序。通过这种反复调用来实现 LED 数码显示器的动态扫描。

动态扫描显示接口电路虽然硬件简单，但在使用时必须反复调用显示子程序，若 CPU 要进行其他操作，那么显示子程序只能插入循环程序中，这往往束缚了 CPU 的工作，降低了 CPU 的工作效率。另外扫描显示电路中，显示器数目也不宜太多，一般在 12 个以内，否则会使人察觉出显示器在分时轮流显示。

3. 实验仪器与器件

1）QSWD-PBD3 型单片机综合实验装置（单片机最小系统、数码管动态显示模块）一台。

2）TKS-52B 型仿真器一只。

3）连接线数根。

4. 实验步骤

1）本实验的电路连接关系如图 4-20 所示，利用导线将单片机和 LED 显示器连接起来：

单片机的 P0 口连接动态显示区左边的 8P 排座；

单片机的 P2 口连接动态显示区右边的 8P 排座；

单片机的 $\overline{EA}$ 脚接 5V。

2）运行 Keil μVision2 软件，新建一个工程文件。

3）输入并编辑源程序文件，并且编译生成 HEX 文件。

4）用仿真器进行硬件仿真。

5）运行实验程序，观察 LED 的显示情况，并分析结果。

5. 参考程序

```
        ORG    0000H
```

```
            AJMP   START
            ORG    0030H
START:   CLR    P2.0
            MOV    P0,#01H
            LCALL  DELAY
            MOV    P0,#0FFH
            SETB   P2.0
            CLR    P2.1
            MOV    P0,#1FH
            LCALL  DELAY
            MOV    P0,#0FFH
            SETB   P2.1
            CLR    P2.2
            MOV    P0,#41H
            LCALL  DELAY
            MOV    P0,#0FFH
            SETB   P2.2
            CLR    P2.3
            MOV    P0,#49H
            LCALL  DELAY
            MOV    P0,#0FFH
            SETB   P2.3
            CLR    P2.4
            MOV    P0,#99H
            LCALL  DELAY
            MOV    P0,#0FFH
            SETB   P2.4
            CLR    P2.5
            MOV    P0,#0DH
            LCALL  DELAY
            MOV    P0,#0FFH
            SETB   P2.5
            CLR    P2.6
            MOV    P0,#25H
            LCALL  DELAY
            MOV    P0,#0FFH
            SETB   P2.6
            CLR    P2.7
            MOV    P0,#9FH
            LCALL  DELAY
            MOV    P0,#0FFH
            SETB   P2.7
            AJMP   START
```

```
DELAY：MOV    R7,#2
D1：   MOV    R6,#10
       DJNZ   R6,$
       DJNZ   R7,D1
       RET
       END
```

6. 实验报告

1）画出实验原理图。

2）写出实验程序。

3）记录 LED 的显示情况。

4.4.3　51 系列单片机 LCD 数码管显示器接口实验

1. 实验目的

1）了解 1602 芯片的基本原理。

2）掌握用单片机来控制 1602 模块的内容的方法。

2. 实验内容与原理

（1）实验内容　利用 1602 芯片显示"welcome to Dian zi xi"，完成电路连接，并编程实现。

（2）实验原理

1）1602 芯片的结构。1602 芯片是一种工业字符型 LCD，能够同时显示 16×02 即 32 个字符（16 行×2 列）。

2）1602 芯片的引脚功能。1602 芯片采用标准的 16 引脚接口，其引脚分布如图 4-21 所示，各引脚的功能 见表 4-11。

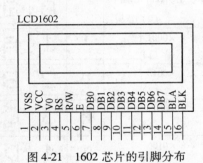

图 4-21　1602 芯片的引脚分布

表 4-11　1602 芯片的引脚功能

引　脚　号	引脚名称	引脚功能	引　脚　号	引脚名称	引脚功能
1	VSS	电源地	9	DB2	数据输入/输出口
2	VCC	电源正极	10	DB3	数据输入/输出口
3	V0	液晶显示器偏压	11	DB4	数据输入/输出口
4	RS	数据/命令选择	12	DB5	数据输入/输出口
5	R/W	读/写选择	13	DB6	数据输入/输出口
6	E	使能信号	14	DB7	数据输入/输出口
7	DB0	数据 I/O 口	15	BLA	背光源正极
8	DB1	数据 I/O 口	16	BLK	背光源负极

3）1602 芯片的操作控制。1602 芯片共有 4 种基本的操作，每一种操作都有自己的操作 控制时序，见表 4-12。

表 4-12　1602 的基本操作时序

基 本 操 作	输　　　入	输　　　出
读状态	RS = L，RW = H，E = H	D0 ~ D7 = 状态字
写指令	RS = L，RW = L，D0 ~ D7 = 指令码，E = 高脉冲	无
读数据	RS = H，RW = H，E = H	D0 ~ D7 = 数据
写数据	RS = H，RW = L，D0 ~ D7 = 数据 E = 高脉冲	无

　　4）1602 芯片的字符集。1602 芯片内部的字符发生存储器（CGROM）已经存储了 160 个不同的点阵字符图形，这些字符有阿拉伯数字、英文字母的大小写、常用的符号等，每一个字符都有一个固定的代码，如大写的英文字母"A"的代码是 01000001B（41H），显示时模块把地址 41H 中的点阵字符图形显示出来，我们就能看到字母"A"。

　　因为 1602 芯片识别的是 ASCII 码，可以用 ASCII 码直接赋值，也可以用字符型常量或变量赋值，如"A"。表 4-13 是 1602 芯片的十六进制 ASCII 码表。

表 4-13　1602 芯片的十六进制 ASCII 码表

高4位 低4位	0000 (0)	0010 (2)	0011 (3)	0100 (4)	0101 (5)	0110 (6)	0111 (7)	1010 (A)	1011 (B)	1100 (C)	1101 (D)	1110 (E)	1111 (F)
××××0000 (0)	CGRAM (1)			P	`	P			―				P
××××0001 (1)	(2)	!	1	A	a				ア				q
××××0010 (2)	(3)	"	2	B	R	b	r		イ			P	θ
××××0011 (3)	(4)	#	3	C	S	c	s		ウ	テ			
××××0100 (4)	(5)	$	4	D	T	d	t		エ	ト			Ω
××××0101 (5)	(6)	%	5	E	U	e	u		オ	ナ			ü
××××0110 (6)	(7)	&	6	F	V	f	v		カ	ニ		p	Σ
××××0111 (7)	(8)	'	7	G	W	g	w		キ			q	π
××××1000 (8)	(1)	(	8	H	X	h	x		ク				
××××1001 (9)	(2)	)	9	I	Y	i	y		ケ		ル		y
××××1010 (A)	(3)	*	:	J	Z	j	z		コ		レ	j	
××××1011 (B)	(4)	+	;	K	[	k	{		サ		ロ	×	
××××1100 (C)	(5)	,	<	L	¥	l			シ				

（续）

高4位 / 低4位	0000 (0)	0010 (2)	0011 (3)	0100 (4)	0101 (5)	0110 (6)	0111 (7)	1010 (A)	1011 (B)	1100 (C)	1101 (D)	1110 (E)	1111 (F)
××××1101 (D)			M	]	m	}	ュ	ス	'	ソ	±	÷
××××1110 (E)	"	>	N	^	n	→	ヲ	セ	ホ	"	ロ
××××1111 (F)	/	?	O	_	o	←	ッ	ソ	ヮ	■	▓

5）1602 芯片的地址。

① RAM 地址映射：1602 芯片的控制器内部带有 80×8bit（80B）的 RAM 缓冲区，对应的关系如图 4-22 所示。

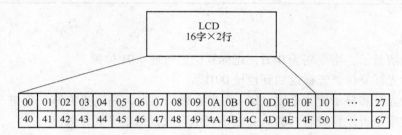

图 4-22　1602 芯片的 RAM 地址映射

② 内部显示地址：液晶显示模块是一个慢显示器，所以在执行每条指令之前一定要确认模块的忙标志为低电平，表示不忙，否则此指令失效。显示字符时要先输入显示字符的地址，也就是告诉模块在哪里显示字符。各位置对应的地址见表 4-14。

表 4-14　1602 芯片的内部显示地址

	1	2	3	4	5	6	7	8	9	10	11	12	13	14	15	16
第一行	00	01	02	03	04	05	06	07	08	09	0A	0B	0C	0D	0E	0F
第二行	40	41	42	43	44	45	46	47	48	49	4A	4B	4C	4D	4E	4F

6）1602 芯片的指令。1602 芯片内部的控制器共有 11 条控制指令。它的读/写操作、屏幕和光标的操作都是通过指令编程来实现的。各指令的功能见表 4-15（说明：1 为高电平，0 为低电平）。

表 4-15　1602 芯片的基本指令

序号	指　　令	RS	R/W	D7	D6	D5	D4	D3	D2	D1	D0
1	清显示	0	0	0	0	0	0	0	0	0	0
2	光标返回	0	0	0	0	0	0	0	0	1	*
3	置输入模式	0	0	0	0	0	0	0	1	I/D	S
4	显示开关控制	0	0	0	0	0	0	1	D	C	B

（续）

序号	指　令	RS	R/W	D7	D6	D5	D4	D3	D2	D1	D0
5	光标字符移位	0	0	0	0	0	1	S/C	R/L	*	*
6	置功能	0	0	0	0	1	DL	N	F	*	*
7	置字符存储器地址	0	0	0	1	字符发生存储器地址					
8	置数据存储器地址	0	0	1	显示数据存储器发生地址						
9	读忙标志或地址	0	1	BF	计数器地址						
10	写数据到 CGRAM 或 DDRAM	1	0	要写的数据							
11	从 CGRAM 或 DDRAM 读数	1	1	读出的数据							

指令说明：

指令 1 为清显示，指令码为 01H，光标复位到地址 00H 位置。

指令 2 为光标复位，光标返回到地址 00H。

指令 3 为光标和显示模式设置。I/D 为光标移动方向，高电平右移，低电平左移；S 为屏幕上所有文字是否左移或者右移。高电平表示有效，低电平则无效。

指令 4 为显示开关控制。D 用于控制整体显示的开与关，高电平表示开显示，低电平表示关显示；C 用于控制光标的开与关，高电平表示有光标，低电平表示无光标；B 用于控制光标是否闪烁，高电平闪烁，低电平不闪烁。

指令 5 为光标或显示移位。S/C 为高电平时移动显示的文字，低电平时移动光标。

指令 6 为功能设置命令。DL 为高电平时为 4 位总线，低电平时为 8 位总线；N 为低电平时单行显示，高电平时双行显示；F 为低电平时显示 5×7 的点阵字符，高电平时显示 5×10 的点阵字符。

指令 7 用于设置字符存储器 RAM 的地址。

指令 8 用于设置 DDRAM 的地址。

指令 9 用于读忙信号和光标地址。BF 为忙标志位，高电平表示忙，此时模块不能接收命令或者数据，如果为低电平表示不忙。

指令 10 为写数据。

指令 11 为读数据。

7）1602 芯片与单片机接口电路：1602 芯片和单片机的连接如图 4-23 所示。

3. 实验仪器与器件

1）QSWD-PBD3 型单片机综合实验装置（单片机最小系统、液晶显示模块）一台。

2）TKS-52B 型仿真器一只。

3）1602 芯片（液晶显示器）一只。

4）连接线数根。

4. 实验步骤

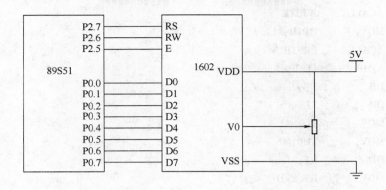

图 4-23　1602 芯片和单片机的连接

1）本实验的电路连接关系如图 4-23 所示，利用导线将单片机和 1602 芯片连接起来，具体步骤如下：

单片机的 P1 口的 8P 排座接 1602 芯片的 D0 ~ D7 端口；

单片机的 P2 口的 8P 排座接 1602 芯片的 C0 ~ C3 插座（单片机的 P2.7、P2.6 和 P2.5 分别接 1602 芯片的 RS 端、RW 端和 E 端）；

单片机的 $\overline{\mathrm{EA}}$ 脚接 5V。

2）运行 Keil μVision2 软件，新建一个工程文件。

3）输入并编辑源程序文件，并且编译生成 HEX 文件。

4）用仿真器进行硬件仿真。

5）运行实验程序，观察 LCD 液晶显示器的显示情况，并分析结果。

5. 参考程序

```
        RS        BIT P2^5
        RW        BIT    P2^6
        E         BIT    P2^7
        DB0 _ DB7 DATA  P1
        ORG       0000H
        AJMP      START
        ORG       000BH
        AJMP      INSE
        ORG       50H
START:MOV         R5,#50H
        MOV       SP,#60H
        MOV       P0,#0FH
        ACALL     INIT
        ACALL     CLS
        MOV       A,#080H
        ACALL     WRITE
        MOV       DPTR,#L1
        ACALL     PRSTRING
        MOV       A,#0C0H
```

```
              ACALL    WRITE
              MOV      DPTR,#L2
              ACALL    PRSTRING
    LOOP：AJMP       LOOP
    L1：    DB       "Welcome to"
    L2：    DB       "Dian zi xi"
    INSE：MOV       TL0,#0
              MOV      TH0,#0
              DJNZ     R5,NO
              MOV      R5,#50H
    NO：    RETI
    INIT：MOV       A,#038H        ;00111000 显示两行,使用 5×7 的字符
              LCALL    WRITE
              MOV      A,#00EH        ;00001110 显示开,显示光标,光标闪烁
              LCALL    WRITE
              MOV      A,#006H        ;00000110 显示画面不动,光标自动右移
              LCALL    WRITE
              RET
CHECKBUSY：PUSH   ACC
    CLOOP：CLR      RS        ;RS=0,RW=1,读取忙信号;RS=0,RW=0 写入指令或地
                                    ;址,RS=1,RW=0,写入数据;RS=1,RW=1,读出数据
              SETB     RW
              CLR      E
              SETB     E        ;E 由低变高,液晶执行命令
              MOV      A,DB0_DB7
              CLR      E
              JB       ACC.7,CLOOP
              POP      ACC
              ACALL    DELAY
              RET
    WRITE：ACALL    CHECKBUSY
              CLR      E
              CLR      RS
              CLR      RW        ;RS=0,RW=0,写入指令或地址
              SETB     E
              MOV      DB0_DB7,ACC
              CLR      E
              RET
WRITEDDR：ACALL   CHECKBUSY
              CLR      E
              SETB     RS
              CLR      RW        ;RS=1,RW=0,写入数据
              SETB     E
```

```
            MOV       DB0 _ DB7 ,ACC
            CLR       E
            RET
      DELAY :
            MOV       R5 ,#5 ;
      D1 :  MOV       R7 ,#248
            DJNZ      R7 ,$
            DJNZ      R6 ,D1
            RET
      CLS : MOV       A ,#01H
            ACALL     WRITE
            RET
      PRSTRING :
            PUSH      ACC
      PRLOOP :
            CLR       A
            MOVC      A ,@ A + DPTR
            JZ        ENDPR
            ACALL     WRITEDDR
            ACALL     DELAY
            INC       DPTR ;
            AJMP      PRLOOP
      ENDPR : POP     ACC
            RET
            END
```

6. 实验报告

1）画出实验原理图。

2）写出实验程序。

3）记录 LCD 液晶显示器的显示情况。

4. 4. 4   巩固与拓展练习

学习 12864 型液晶显示器的芯片资料，试将其与单片机连接好，并用汇编程序实现用 12864 型液晶显示器显示汉字"欢迎到烟台汽车工程职业学院电子系"。

4. 5   51 系列单片机 I^2C 总线

4. 5. 1   51 系列单片机 I^2C 总线基础知识

51 单片机除芯片自身具有 UART 可用于串行扩展 I/O 口线以外，还可利用其 3~4 根 I/O 口线进行 SPI 或 I^2C 的外设芯片扩展，以及单总线的扩展。

I^2C 总线是 PHILIPS 公司推出的串行总线。I^2C 总线的应用非常广泛，在很多器件上都配备有 I²C 总线接口，使用这些器件时一般都需要通过 I²C 总线进行控制。这里简要介绍 I²C 总线的工作原理，介绍如何用 51 单片机进行控制以及相应的汇编语言控制程序的编写。

1. I²C 总线的概念

I²C 总线是一种具有自动寻址、高低速设备同步和仲裁等功能的高性能串行总线，能够实现完善的全双工数据传输，是各种总线中使用信号线数量最少的。

I²C 总线只有两根信号线：数据线 SDA 和时钟线 SCL。所有进入 I²C 总线系统中的设备都带有 I²C 总线接口，符合 I²C 总线电气规范的特性，只需将 I²C 总线上所有节点的串行数据线 SDA 和时钟线 SCL 分别与总线的 SDA 和 SCL 相连即可。

I²C 总线的各节点供电可以不同，但需共地，另外 SDA 和 SCL 需分别通过上拉电阻接正电源。当总线空闲时，两根线均为高电平。连到总线上的任一设备输出的低电平，都将使总线的信号变低，即各器件的 SDA 及 SCL 都是线"与"的关系，如图 4-24 所示。

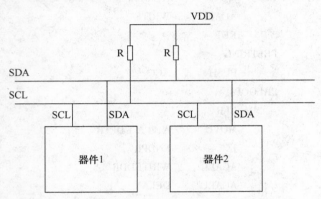

图 4-24　I²C 总线与外部设备的连接图

每个接到 I²C 总线上的器件都有唯一的地址。主机与其他器件间的数据传送可以由主机发送数据到其他器件，这时主机即为发送器，而总线上接收数据的器件则为接收器。在多主机系统中，可能同时有几个主机企图启动总线传送数据。为了避免混乱，I²C 要通过总线仲裁协议，决定由哪一台主机控制总线。

2. I²C 总线起始和终止信号

在 I²C 总线上，SDA 用于传送有效数据，其传输的每位有效数据均对应于 SCL 线上的一个时钟脉冲。也就是说，只有当 SCL 线上为高电平（SCL = 1）时，SDA 线上的数据信号才会有效（1 表示高电平，0 表示低电平）；SCL 线为低电平（SCL = 0）时，SDA 线上的数据信号无效。因此，只有当 SCL 线为低电平（SCL = 0）时，SDA 线上的电平状态才允许发生变化（见图 4-25）。

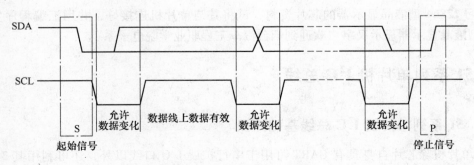

图 4-25　I²C 总线信号的时序

SDA 线上传送的数据均以起始信号(START)开始，停止信号(STOP)结束，SCL 线在不传送数据时保持 Mark(SCL=1)。当串行时钟线 SCL 为 Mark(SCL=1)时，串行数据线 SDA 上发生一个由高到低的变化过程(下降沿)，即为起始信号；发生一个由低到高的变化过程，即称为停止信号。

起始信号和停止信号均由作为主控器的单片机发出，并由挂接在 I²C 总线上的被控器检测。在起始信号产生后，总线就处于被占用的状态；在终止信号产生后，总线就处于空闲状态。

对于不具备 I²C 总线接口的单片机，为了能准确检测到这些信号，必须保证在总线的一个时钟周期内对 SDA 线进行至少两次采样。

3. I²C 总线的数据传送格式

(1) 字节传送与应答　 I²C 总线上传输的数据和地址字节均为 8bit，且高位在前，低位在后。以起始信号为启动信号，接着传输的是地址和数据字节，先传送最高位(MSB)，数据字节是没有限制的，但每字节后都必须跟随一个应答位(即一帧共有 9 位)，全部数据传输完毕后，以终止信号结尾。I²C 总线的数据传送字节格式如图 4-26 所示。

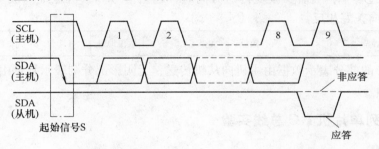

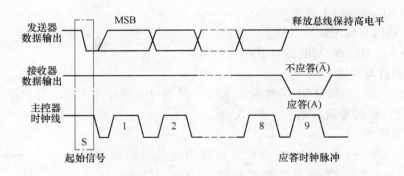

图 4-26　 I²C 总线的数据传送字节格式

如前所述，SCL 线为低电平时，SDA 线上的数据就被停止传送。SCL 线的这一线"与"特性十分有用：当接收器接收到一个数据/地址字节后需要进行其他工作而无法立即接收下一个字节时，接收器便可向 SCL 线输出低电平，迫使 SDA 线处于等待状态，直到接收器准备好接收新的数据/地址字节时，再释放时钟线 SCL(SCL=1)，使 SDA 线上数据传输得以继续进行。

利用 SDA 线进行数据传输时，发送器每发完一个数据字节后，都要求接收方发回一个应答信号。但与应答信号相对应的时钟仍由主控器在 SCL 线上产生，因此主控发送器必须在被控接收器发送应答信号前，预先释放对 SDA 线的控制，以便主控器对 SDA 线上应答信号的检测。

（2）数据帧格式传送 I^2C 总线上传送的数据信号是广义的，既包括地址信号又包括真正的数据信号。

在起始信号后必须传送一个从机的地址（7 位），第 8 位是数据的传送方向位（R/T），用"0"表示主机发送数据（T），"1"表示主机接收数据（R）。每次数据传送总是由主机产生的终止信号结束。但是，若主机希望继续占用总线进行新的数据传送，则可以不产生终止信号，在总线的一次数据传送过程中，从机可以有以下几种组合方式：

1）主机向从机发送数据，数据传送方向在整个传送过程中不变。

S	从机地址	0	A	数据	A	数据	A/$\overline{A}$	P

2）主机在第一个字节后，立即从从机读数据。

S	从机地址	1	A	数据	A	数据	$\overline{A}$	P

3）在传送过程中，当需要改变传送方向时，起始信号和从机地址都被重复产生一次，但两次读/写方向正好相反。

S	从机地址	0	A	数据	A/$\overline{A}$	S	从机地址	1	A	数据	$\overline{A}$	P

其中有阴影的部分表示数据由主机向从机传送，无阴影部分则表示数据由从机向主机传送；A 为应答信号。

4.5.2 51 系列单片机 I^2C 总线实验

1. 实验目的

1）掌握 I^2C 总线的工作原理。

2）熟悉如何实现用硬件进行 I^2C 通信。

3）了解 I^2C 总线读/写时的注意事项及操作。

2. 实验内容与原理

（1）实验内容 用 24C01 芯片做流水灯，向 24C01 芯片写入流水灯数据，然后读出数据，并用发光二极管轮流显示。

（2）实验原理

1）24C01 芯片说明。24C01 芯片是最常用的外部扩展 EEP-ROM 芯片，一般用于保存系统的重要参数。24C01 芯片的引脚配置如图 4-27 所示。芯片内部有一个 8B 的缓冲器，通过 I^2C 总线接口进行操作，有一个专门的写保护功能。

① 引脚描述：

VCC 为 1.8V ~ 6.0V 工作电压；

VSS 为接地端；

WP 为写保护端；

A0 ~ A2 为器件地址选择端；

SDA 为串行数据/地址 I/O 端；

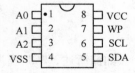

图 4-27 24C01 芯片
的引脚配置

SCL 为串行时钟。

② 功能描述：24C01 芯片支持 I^2C 总线数据传送协议。I^2C 总线协议规定，任何将数据传送到总线上的器件作为发送器；任何从总线接收数据的器件为接收器。数据传送是由产生串行时钟和所有起始停止信号的主器件控制的，主器件和从器件都可以作为发送器或接收器，但由主器件控制传送数据（发送或接收）的模式。

2）电路连接。本实验的电路连接如图 4-28 所示。

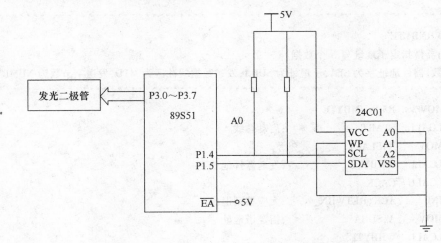

图 4-28　I^2C 总线和单片机及 24C01 芯片的连接

3. 实验仪器与器件

1）QSWD-PBD3 型单片机综合实验装置（单片机最小系统、I^2C 总线模块）一台。

2）TKS-52B 型仿真器一只。

3）24C01 芯片一只。

4）连接线数根。

4. 实验步骤

1）本实验的电路连接关系如图 4-28 所示，利用导线将各模块连接起来。具体连线如下：

单片机的 P3 口连接到发光二极管；

单片机的 P1.5 端连接到 24C01 芯片的 SDA；

单片机的 P1.4 端连接到 24C01 芯片的 SCL；

单片机的 $\overline{EA}$ 端连接到 +5V 电源；

2）运行 Keil μVision2 软件，新建一个工程文件。

3）输入并编辑源程序文件，并且编译生成 HEX 文件。

4）用仿真器进行硬件仿真。

5）运行实验程序，观察 LED 的显示情况，并分析结果。

5. 参考程序

```
ACK      BIT    10H      ;应答标志位
SLA      DATA   50H      ;器件地址字
SUBA     DATA   51H      ;器件子地址
```

```
        NUMBYTE    DATA    52H          ;读/写字节数
        SDA        BIT     P1.5
        SCL        BIT     P1.4         ;I²C 总线定义
        MTD        EQU     30H          ;发送数据缓存区首地址(30H~3FH)
        MRD        EQU     40H          ;接收数据缓存区首地址(40H~4FH)
        AJMP       MAIN
        ORG        80H
;*******************************************************
;名称:IWRNBYTE
;描述:向器件指定子地址写 N 个数据
;入口参数:器件地址字为 SLA,子地址为 SUBA,发送数据缓冲区为 MTD,发送字节数为 NUMBYTE
;*******************************************************
IWRNBYTE:MOV       R3,NUMBYTE
        LCALL      START                ;启动总线
        MOV        A,SLA
        LCALL      WRBYTE               ;发送器件地址字
        LCALL      CACK
        JNB        ACK,RETWRN           ;无应答则退出
        MOV        A,SUBA               ;指定子地址
        LCALL      WRBYTE
        LCALL      CACK
        MOV        R1,#MTD
WRDA:MOV           A,@R1
        LCALL      WRBYTE               ;开始写入数据
        LCALL      CACK
        JNB        ACK,IWRNBYTE
        INC        R1
        DJNZ       R3,WRDA              ;判断是否写完
RETWRN:LCALL       STOP
        RET
;*******************************************************
;名称:IRDNBYTE
;描述:从器件指定子地址读取 N 个数据
;入口参数:器件地址字为 SLA,子地址为 SUBA,接收数据缓存区为 MRD,接收字节数为 NUMBYTE
;*******************************************************
IRDNBYTE:MOV       R3,NUMBYTE
        LCALL      START
        MOV        A,SLA
        LCALL      WRBYTE               ;发送器件地址字
        LCALL      CACK
        JNB        ACK,RETRDN
        MOV        A,SUBA               ;指定子地址
        LCALL      WRBYTE
```

```
        LCALL   CACK
        LCALL   START          ;重新启动总线
        MOV     A,SLA
        INC     A              ;准备进行读操作
        LCALL   WRBYTE
        LCALL   CACK
        JNB     ACK,IRDNBYTE
        MOV     R1,#MRD
RON1:LCALL  RDBYTE         ;读操作开始
        MOV     @R1,A
        DJNZ    R3,SACK
        LCALL   MNACK          ;最后一字节发非应答位
RETRDN:LCALL  STOP
        RET
SACK:LCALL   MACK
        INC     R1
        SJMP    RON1
```
;**
;名称:START
;描述:启动 I^2C 总线子程序,发送 I^2C 总线起始条件
;**
;
```
START:SETB    SDA            ;发送起始条件数据信号
        NOP                    ;起始条件建立时间大于 4.7μs
        SETB    SCL            ;发送起始条件的时钟信号
        NOP
        NOP
        NOP
        NOP
        NOP                    ;起始条件锁定时间大于 4.7μs
        CLR     SDA            ;发送起始信号
        NOP
        NOP
        NOP
        NOP                    ;起始条件锁定时间大于 4.7μs
        CLR     SCL            ;钳住 $I^2C$ 总线,准备发送或接收数据
        NOP
        RET
```
;**
;名称:STOP
;描述:停止 I^2C 总线子程序,发送 I^2C 总线停止条件
;**
;
```
STOP:CLR     SDA            ;发送停止条件的数据信号
        NOP
```

```
        NOP
        SETB    SCL                 ;发送停止条件的时钟信号
        NOP
        NOP
        NOP
        NOP
        NOP                         ;起始条件建立时间大于4.7μs
        SETB    SDA                 ;发送I²C总线停止信号
        NOP
        NOP
        NOP
        NOP
        NOP                         ;延迟时间大于4.7μs
        RET
;***********************************************************
;名称:MACK
;描述:发送应答信号子程序
;***********************************************************
MACK:CLR     SDA                    ;将SDA置0
        NOP
        NOP
        SETB    SCL
        NOP
        NOP
        NOP
        NOP
        NOP                         ;保持数据时间,大于4.7μs
        CLR     SCL
        NOP
        NOP
        RET
;***********************************************************
;名称:MNACK
;描述:发送非应答信号子程序
;***********************************************************
MNACK:SETB    SDA                   ;将SDA置1
        NOP
        NOP
        SETB    SCL
        NOP
        NOP
        NOP
        NOP
```

```
            NOP
            CLR     SCL                 ;保持数据时间,大于 4.7μs
            NOP
            NOP
            RET
;***************************************************************
;名称:CACK
;描述:检查应答位子程序,返回值 ACK = 1 时表示有应答
;***************************************************************
    CACK:SETB     SDA
            NOP
            NOP
            SETB     SCL
            CLR     ACK
            NOP
            NOP
            MOV     C,SDA
            JC      CEND
            SETB     ACK             ;判断应答位
    CEND:NOP
            CLR     SCL
            NOP
            RET
;***************************************************************
;名称:WRBYTE
;描述:发送字节子程序,字节数据放入 ACC
;***************************************************************
WRBYTE:    MOV     R0,#08H
    WLP:   RLC     A               ;取数据位
            JC      WRI
            SJMP    WRO             ;判断数据位
    WLP1:  DJNZ    R0,WLP
            NOP
            RET
    WRI:   SETB     SDA             ;发送 1
            NOP
            SETB     SCL
            NOP
            NOP
            NOP
            NOP
            NOP
            CLR     SCL
```

```
        SJMP    WLP1
WRO:    CLR     SDA              ;发送 0
        NOP
        SETB    SCL
        NOP
        NOP
        NOP
        NOP
        CLR     SCL
        SJMP    WLP1
```

; **

;名称:RDBYTE

;描述:读取字节子程序,读出的数据存放在 ACC

; **

;

```
RDBYTE: MOV     R0,#08H
RLP:    SETB    SDA
        NOP
        SETB    SCL              ;时钟线为高,接收数据位
        NOP
        NOP
        MOV     C,SDA            ;读取数据位
        MOV     A,R2
        CLR     SCL              ;将 SCL 拉低,时间大于 4.7μs
        RLC     A                ;进行数据位的处理
        MOV     R2,A
        NOP
        NOP
        NOP
        DJNZ    R0,RLP           ;未够 8 位,继续读入
        RET
MAIN:   MOV     R4,#0F0H         ;延时,等待其他芯片复位完成
        DJNZ    R4,$
        MOV     40H,#00H
        MOV     41H,#00H
        MOV     42H,#00H
        MOV     43H,#00H
        MOV     44H,#00H
        MOV     45H,#00H
        MOV     46H,#00H
        MOV     47H,#00H
        MOV     48H,#00H
        MOV     30H,#80H
```

```
        MOV     31H,#40H
        MOV     32H,#20H
        MOV     33H,#10H
        MOV     34H,#08H
        MOV     35H,#04H
        MOV     36H,#02H
        MOV     37H,#01H
        MOV     38H,#00H
;向 24C01C 中写数据,数据存放在 24C01C 中 30H 开始的 16B 中
        MOV     SLA,#0A0H        ;24C01C 地址字,写操作
        MOV     SUBA,#20H        ;目标地址
        MOV     NUMBYTE,#08H     ;字节数
        LCALL   IWRNBYTE         ;写数据
        LCALL   D1
;从 24C01C 中读数据,数据送 AT89C51 中 40H 开始的 16B 中
        MOV     SLA,#0A0H        ;24C01C 地址字,伪写入操作
        MOV     SUBA,#20H        ;目标地址
        MOV     NUMBYTE,#08H     ;字节数
        LCALL   IRDNBYTE         ;写数据
        MOV     R0,#40H
TT:     MOV     A,@ R0
        MOV     P3,A
        INC     R0
        LCALL   D1
        CJNE    R0,#48H,TT
        AJMP    MAIN
D1:     MOV     R6,#248
D2:     MOV     R7,#248
        DJNZ    R7,$
        DJNZ    R6,D2
        RET
        END
```

6. 实验报告

1）画出实验原理图。

2）写出实验程序。

3）记录 LED 显示状况。

4.5.3　巩固与拓展练习

学习 24C02 芯片的相关资料,将 2 片 24C02 芯片通过 I²C 总线与单片机相连,实现通信,独立完成其对单片机的连接图,将立即数 88H 写入第一片 24C02 芯片的 09H 单元,并从第二片 24C02 芯片的 10H 单元读出数据给单片机。

4.6　51 系列单片机模-数、数-模转换器

4.6.1　51 系列单片机模-数、数-模转换器基础知识

1. 模-数转换器基本原理

模-数转换器(ADC)用于将模拟电量转换为相应的数字量,它是模拟系统到数字系统的接口电路。ADC 在进行转换期间,要求输入的模拟电压保持不变,因此在对连续变化的模拟信号进行模-数转换前,需要对模拟信号进行离散处理,即在一系列选定时间上对输入的连续模拟信号进行采样,在样值的保持期间内完成对样值的量化和编码,最后输出数字信号。所以,模-数转换分为采样与保持、量化与编码两步完成。

采样-保持电路对输入模拟信号抽取样值,并展宽(保持);量化是对样值脉冲进行分级,编码是将分级后的信号转换成二进制代码。在对模拟信号采样时,必须满足采样定理:采样脉冲的频率 f_s 大于输入模拟信号最高频率的 2 倍,即 $f_s \geqslant 2f_{max}$。这样才能做到不失真地恢复出原模拟信号。

ADC 有多种型号。并联比较型、逐次逼近型(见图 4-29)和双积分型 ADC 各有特点,在不同的应用场合,应选用不同类型的 ADC。高速场合下,可选用并联比较型 ADC,但受位数限制,准确度不高,且价格贵;在低速场合,可选用双积分型 ADC,它准确度高,抗干扰能力强。逐次逼近型 ADC 兼顾了上述两种 ADC 的优点,速度较快、准确度较高、价格适中,因此应用比较普遍。本实验采用 ADC0809 型 ADC 实现模-数转换。

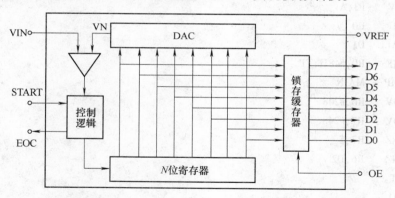

图 4-29　逐次逼近型 ADC 的转换原理

ADC 的主要技术指标有:分辨率、量化误差和转换速率等。ADC 的分辨率是 ADC 所能表示的最大数,即 ADC 的位数。例如,12 位 ADC 的分辨率就是 12 位,或者说分辨率为满刻度 FS 的 $1/(2^{12})$。一个 10V 满刻度的 12 位 ADC 能分辨的输入电压变化最小值是 $10V \times 1/(2^{12}) = 2.4mV$。

ADC 把模拟量变为数字量,用数字量近似表示模拟量,这个过程称为量化。量化误差是 ADC 的有限位数对模拟量进行量化而引起的误差。实际上,要准确表示模拟量,ADC 的位数需要很大甚至无穷大。一个分辨率有限的 ADC 的阶梯状转换特性曲线与具有无限分辨率的 ADC 转换特性曲线(直线)之间的最大偏差即是量化误差。

ADC 的转换速率是能够重复进行数据转换的速度，即每秒转换的次数。而完成一次模-数转换所需的时间（包括稳定时间），则是转换速率的倒数。

2. 数-模转换器基本原理

在实际的控制系统中，经常需要控制一些模拟信号，如精确可调的电压电流输出、显示器亮度的调节以及激光二极管偏置电压等，而一般的 51 单片机外部总线接口为数字信号，无法直接产生需要的模拟信号。因此，需要将单片机的控制信号转换为期望的电压或电流等模拟信号，这便用到 DAC。DAC 提供了良好的数字接口，可以和单片机的并行 I/O 口直接相连，由单片机来控制，使其输出要求的模拟量电压或模拟量电流等。下面简单介绍 DAC 的控制原理。

数-模转换的基本功能是，将一个数字量按照比例转换成模拟量（电压或者电流）。数-模转换所采用的基本方法是，将数字量转化成二进制数据，其每一位产生一个相应的电压或者电流，而这个电压或者电流的大小正比于相应的二进制位的权，最后将这些电压或者电流相加并输出。

由于一个数字量是由数字代码按位组合而成的，每一位数字代表一定的"权"，一个数字与对应的权相结合，就代表了一个具体的数值，把所有的数值相加，便得到该数的数字量。DAC 正是使用了这一点，其要求该数字量对应一个模拟量，则只需将各位数字量分别转换成相应的模拟量，然后将所有的模拟量相加，所得到的总和即是该数字量相对应的模拟量。

图 4-30 为 T 形电阻网络 DAC 的原理。其中 $I = U_{REF}/R$，故 $I_7 = I/2^1$，$I_6 = I/2^2$，……，$I_0 = I/2^8$，所以当输入数据 D7 ~ D0 为 1111 1111B 时，有 $I_{o1} = I_7 + I_6 + \cdots + I_0 = (I/2^8) \times (2^7 + 2^6 + \cdots + 2^0)$，$I_{o2} = 0$。这样，当 $R_{FB} = R$ 时，输出电压为

$$U_o = -I_{o1}R_{FB} = I_{o1}R = -\left(\frac{U_{REF}}{2^8}\right) \times (2^7 + 2^6 + \cdots + 2^0)$$

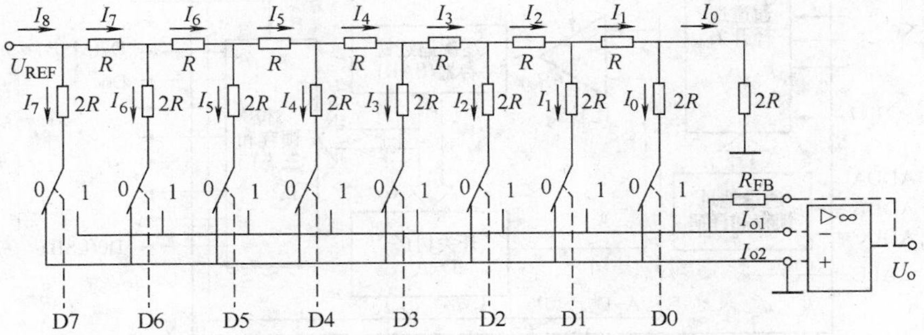

图 4-30　T 形电阻网络 DAC 的原理

DAC 的主要性能指标有分辨率、绝对准确度和相对准确度。分辨率是指输入数字量的最低有效位（LSB）发生变化时，所对应的输出模拟量（电压或电流）的变化量。它反映了输出模拟量的最小变化值。分辨率与输入数字量的位数有确定的关系，可以表示成 $FS/2^n$。FS 表示满量程输入值，n 为二进制位数。对于 5V 的满量程，采用 8 位的 DAC 时，分辨率为 5V/256 = 19.5mV；当采用 12 位的 DAC 时，分辨率则为 5V/4096 = 1.22mV。显然，位数越多分辨率就越高。

绝对准确度(简称准确度)是指在整个刻度范围内,任一输入数码所对应的模拟量实际输出值与理论值之间的最大误差。绝对准确度是由 DAC 的增益误差(当输入数码为全 1 时,实际输出值与理想输出值之差)、零点误差(数码输入为全 0 时,DAC 的非零输出值)、非线性误差和噪声等引起的。绝对准确度(即最大误差)应小于 1 个 LSB。相对准确度与绝对准确度表示同一含义,用最大误差相对于满刻度的百分比表示。

4.6.2 51 系列单片机 ADC0809 型 ADC 模-数转换实验

1. 实验目的

1)掌握 ADC 与单片机的连接方法。

2)了解 ADC0809 型 ADC 的转换性能及编程方法。

3)通过实验了解单片机如何进行数据采集。

2. 实验内容与原理

(1)实验内容　利用实验台上的 ADC0809 芯片作为 ADC,实验台上的基准电压模块提供模拟量输入,编制程序,将模拟量转换成二进制数字量,用数码管显示。

(2)实验原理

1)ADC0809 芯片的结构。ADC0809 型 ADC 是采用逐次逼近的原理,内部结构如图 4-31所示。ADC0809 芯片由单一 5V 电源供电,片内带有锁存功能的 8 路模拟开关,可对 8 路 0~5V 的输入模拟电压信号分时进行转换,片内具有带多路开关的地址译码器和锁存电路,稳定的比较器,树状电子开关以及逐次逼近寄存器。通过适当的外接电路,ADC0809 芯片可对 0~5V 的双极性模拟信号进行转换。

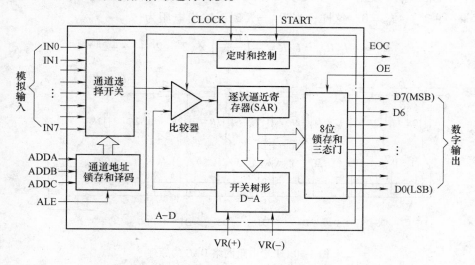

图 4-31　ADC0809 芯片的内部结构

2)ADC0809 芯片的引脚分布。ADC0808/0809 的外部引脚分布如图 4-32 所示。内部各部分的作用和工作原理在图 4-31 中已一目了然,在此就不再赘述,下面仅对各引脚定义分述如下:

① IN0~IN7:8 路模拟输入端,通过 3 根地址译码线 ADDA、ADDB、ADDC 来选通使用哪一路。

② D7 ~ D0：模-数转换后的数据输出端，为三态可控输出，故可直接和微处理器数据线连接。8 位排列顺序是 D7 为最高位，D0 为最低位。

③ ADDA、ADDB、ADDC：模拟通道选择地址信号，ADDA 为低位，ADDC 为高位。地址信号与选中通道的对应关系见表 4-16。

表 4-16　地址信号与选中通道的对应关系

地　　址			选中通道	地　　址			选中通道
ADDC	ADDB	ADDA		ADDC	ADDB	ADDA	
0	0	0	IN_0	1	0	0	IN_4
0	0	1	IN_1	1	0	1	IN_5
0	1	0	IN_2	1	1	0	IN_6
0	1	1	IN_3	1	1	1	IN_7

④ VR(+)、VR(−)：正、负参考电压输入端，用于提供片内 DAC 电阻网络的基准电压。在单极性输入时，VR(+) = 5V，VR(−) = 0V；双极性输入时，VR(+)、VR(−)分别接正、负极性的参考电压。

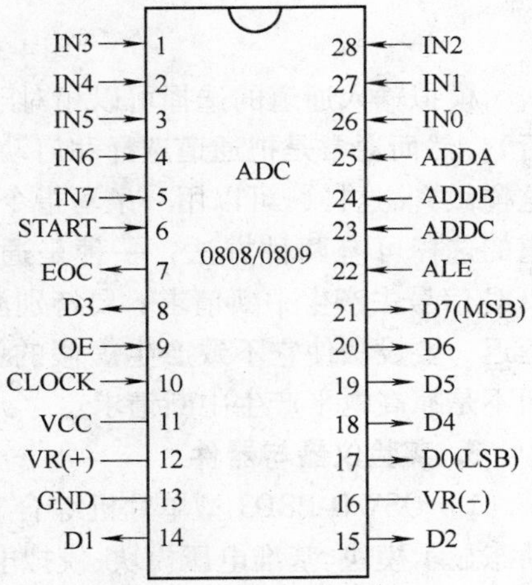

⑤ ALE：地址锁存允许信号，高电平有效。当此信号有效时，ADDA、ADDB、ADDC 三位地址信号被锁存，译码选通对应模拟通道。在使用时，该信号常和 START 信号连在一起，以便同时锁存通道地址和启动模-数转换。

⑥ START：模-数转换启动信号，正脉冲有效。加于该端的脉冲的上升沿使逐次逼近寄存器清零，下降沿开始模-数转换。如果正在进行转换时又接到新的启动脉冲，则原来的转换进程被中止，重新从头开始转换。

⑦ EOC：转换结束信号，高电平有效。该信号在模-数转换过程中为低电平，其余时间为高电平。该信号可作为被 CPU 查询的状态信号，也可作为对 CPU 的中断请求信号。在需要对某个模拟量不断采样、转换的情况下，EOC 也可作为启动信号反馈接到 START 端，但在刚加电时需由外电路第一次启动。

图 4-32　ADC0808/0809 的外部引脚分布

⑧ OE：输出允许信号，高电平有效。当微处理器送出该信号时，ADC0809 芯片的输出三态门被打开，使转换结果通过数据总线被读走。在中断工作方式下，该信号往往是 CPU 发出的中断请求响应信号。

3）ADC0809 芯片的工作时序。ADC0809 芯片的工作时序如图 4-33 所示。当通道选择地址有效时，ALE 信号一出现，地址便马上被锁存，这时转换启动信号紧随 ALE 之后(或与 ALE 同时)出现。START 的上升沿将逐次逼近寄存器 SAR 复位，在该上升沿之后的 2μs 加 8 个时钟周期内(不定)，EOC 信号将变低电平，以指示转换操作正在进行中，直到转换完成后 EOC 再变高电平。微处理器收到变为高电平的 EOC 信号后，便立即送出 OE 信号，打开三态门，读取转换结果。

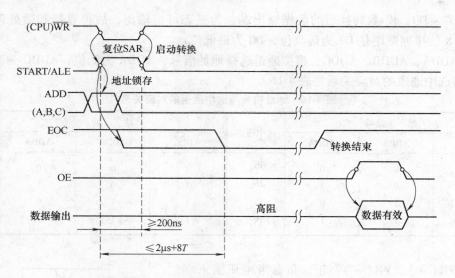

图 4-33　ADC0809 芯片的工作时序

　　模拟输入通道的选择可以相对于转换开始操作独立地进行(当然,不能在转换过程中进行),然而通常是把通道选择和启动转换结合起来完成(因为 ADC0809 芯片的时间特性允许这样做)。这样,可以用一条写指令既选择模拟通道又启动转换。在与微机接口时,输入通道的选择可有两种方法,一种是通过地址总线选择,一种是通过数据总线选择。如果用 EOC 信号去产生中断请求,要特别注意 EOC 的变低相对于启动信号有 $2\mu s + 8$ 个时钟周期的延迟,要设法使它不致产生虚假的中断请求。为此,最好利用 EOC 上升沿产生中断请求,而不是靠高电平产生中断请求。

3. 实验仪器与器件

1)QSWD-PBD3 型单片机综合实验装置(单片机最小系统、ADC0809 型模-数转换模块、动态显示模块、基准电压模块、模拟电压模块)一台。

2)TKS-52B 型仿真器一只。

3)ADC0809 芯片一只。

4)连接线数根。

4. 实验步骤

1)根据 ADC0809 模块的工作原理,将各模块连接起来。具体连线如下:

单片机的 P0 口连接到动态显示模块左边的 8P 排座;

单片机的 P2 口连接到动态显示模块右边的 8P 排座;

单片机的 P1 口连接到 ADC0809 模块的 D0 ~ D7 端;

单片机的 P3.4 端连接到 ADC0809 模块的 START 端;

单片机的 P3.5 端连接到 ADC0809 模块的 OE 端;

单片机的 P3.6 端连接到 ADC0809 模块的 EOC 端;

单片机的 ALE 端连接到 ADC0809 模块的 CLK 端;

ADC0809 模块的 VREF 端连接到基准电压模块的 VREF 端,并将电压调成 5V;

ADC0809 模块的 IN0 端连接到模拟电压模块的 VO0 或 VO1 端。

2)运行 Keil μVision2 软件,新建一个工程文件。

3）输入并编辑源程序文件，并且编译生成 HEX 文件。

4）用仿真器进行硬件仿真。

5）运行实验程序，观察数码管的显示情况，旋转模拟电压旋钮，观察数码管的显示情况，并分析结果。

5. 参考程序

```
              LED _ 0   EQU   30H          ;存放 3 个数码管的段码
              LED _ 1   EQU   31H
              LED _ 2   EQU   32H
              ADC       EQU   35H          ;存放转换后的数据
              ST        BIT   P3.4
              OE        BIT   P3.5
              EOC       BIT   P3.6
              ORG       0000H
              LJMP      START
              ORG       0030H
     START:   MOV       LED _ 0,#00H
              MOV       LED _ 1,#00H
              MOV       LED _ 2,#00H
              MOV       DPTR,#TABLE       ;送段码表首地址
              CLRP1.0
              CLRP1.1
              CLRP1.2                      ;选择 ADC0809 芯片的通道 0
     WAIT：   CLR       ST
              SETB      ST
              CLR       ST                 ;启动转换,START 输入一个正脉冲,启动模-数转换
              JNB       EOC,$              ;等待转换结束
              SETB      OE                 ;允许输出
              MOV       ADC,P1             ;暂存转换结果
              CLR       OE                 ;关闭输出
              MOV       A,ADC              ;将 AD 转换结果转换成 BCD 码
              MOV       B,#2
              MUL       AB
              MOV       R2,B
              MOV       R3,A
              LCALL     BIN2BCD
              LCALL     DISP               ;显示 AD 转换结果
              SJMP      WAIT
     DISP:    MOV       P2,#0FFH           ;数码显示子程序
              MOV       A,LED _ 0          ;个位
              MOVC      A,@ A + DPTR
              CLR       P2.2
              MOV       P0,A
```

```
        LCALL   DELAY
        SETB    P2.2
        MOV     A,LED_1          ;十位
        MOVC    A,@A+DPTR
        CLR     P2.3
        MOV     P0,A
        LCALL   DELAY
        SETB    P2.3
        MOV     A,LED_2          ;百位
        MOVC    A,@A+DPTR
        CLR     P2.4
        MOV     P0,A
        CLR     P0.0
        LCALL   DELAY
        SETB    P2.4
        RET
DELAY:  MOV     R6,#10           ;延时5ms
   D1:  MOV     R7,#250
        DJNZ    R7,$
        DJNZ    R6,D1
        RET
BIN2BCD:CLR     A                ;双字节二进制数转换为BCD码
        MOV     R4,A             ;入口:(R2R3)为双字节16位二进制数
        MOV     R5,A             ;出口:(R4R5R6)为转换完的压缩BCD码
        MOV     R6,A
        MOV     R7,#10H
 LOOP:  CLRC
        MOV     A,R3
        RLC     A
        MOV     R3,A
        MOV     A,R2
        RLC     A
        MOV     R2,A
        MOV     A,R6
        ADDC    A,R6
        DA      A
        MOV     R6,A
        MOV     A,R5
        ADDC    A,R5
        DA      A
        MOV     R5,A
        MOV     A,R4
        ADDC    A,R4
```

```
              DA      A
              MOV     R4,A
              DJNZ    R7,LOOP
     LED：     MOV     LED_2,R5
              MOV     A,R6
              ANL     A,#0F0H
              SWAP    A
              MOV     LED_1,A
              MOV     A,R6
              ANL     A,#0FH
              MOV     LED_0,A
              RET
     TABLE:DB         03H,9FH,25H,0DH,99H,49H,41H,1FH,01H,09H
              END
```

6. 实验报告

1）画出实验原理图。

2）写出实验程序。

3）记录数码管的显示情况。

4.6.3　51 系列单片机 DAC0832 型 DAC 数-模转换实验

1. 实验目的

1）了解 DAC 与单片机的连接方法。

2）掌握 DAC0832 型 DAC 的性能及编程方法。

3）掌握单片机系统中扩展数-模转换芯片的基本方法。

2. 实验内容与原理

（1）实验内容　利用 DAC0832 芯片输出一个从 0V 开始逐渐升至 5V 再降至 0V 的可变电压，用输出电压控制发光二极管的明暗状况。

（2）实验原理

1）DAC0832 芯片的内部结构。DAC0832 芯片是 8 位分辨率的数-模转换集成芯片，与微处理器完全兼容。这个数-模转换芯片以其价格低廉、接口简单、转换控制容易等优点，在单片机应用系统中得到广泛的应用。DAC 由 8 位输入锁存器、8 位 DAC 寄存器、8 位数-模转换电路及转换控制电路构成。

DAC0832 芯片内有两级输入寄存器，使 DAC0832 芯片具备双缓冲、单缓冲和直通三种输入方式，以便适用于各种电路的需要（如要求多路数-模异步输入、同步转换等）。数-模转换结果采用电流形式输出。如果需要相应的模拟信号，可通过一个高输入阻抗的线性运算放大器实现这个功能。

2）DAC0832 芯片引脚分布。DAC0832 芯片为 20 引脚双列直插式封装，其引脚分布如图 4-34 所示。

各引脚含义如下：

① DI0 ~ DI7 为数据输入线，TTL 电平。

② ILE 为数据锁存允许控制信号输入线，高电平有效。

③ $\overline{CS}$ 为片选信号输入线，低电平有效。

④ $\overline{WR1}$ 为输入寄存器的写选通信号。

⑤ $\overline{XFER}$ 为数据传送控制信号输入线，低电平有效。

⑥ $\overline{WR2}$ 为 DAC 寄存器写选通输入线。

⑦ IOUT1 为电流输出线。当输入全为 1 时 IOUT1 最大。

⑧ IOUT2 为电流输出线。其值与 IOUT1 之和为一常数。

⑨ RFB 为反馈信号输入线，芯片内部有反馈电阻。

⑩ VCC 为电源输入线(5～15V)。

⑪ VREF 为基准电压输入线(－10～10V)。

⑫ AGND 为模拟地，模拟信号和基准电源的参考地。

⑬ DGND 为数字地，两种地线在基准电源处接地比较好。

```
 ┌──────┐
CS ─┤1   20├─ VCC
WR1 ─┤2   19├─ ILE
AGND ─┤3   18├─ WR2
DI3 ─┤4   17├─ XFER
DI2 ─┤5 DAC0832 16├─ DI4
DI1 ─┤6   15├─ DI5
DI0 ─┤7   14├─ DI6
VREF ─┤8   13├─ DI7
RFB ─┤9   12├─ IOUT2
DGND ─┤10  11├─ IOUT1
 └──────┘
```

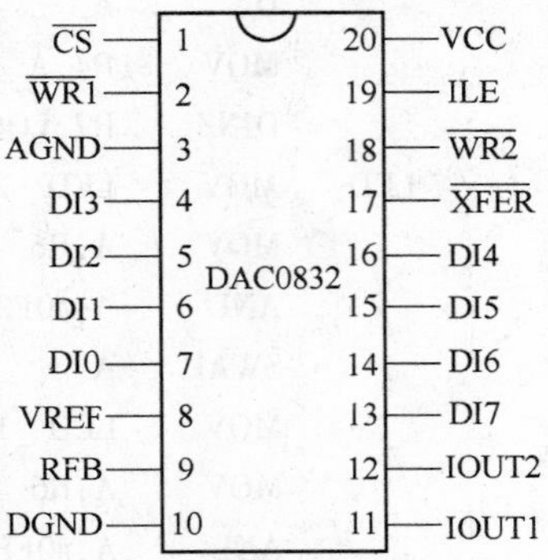

图 4-34　DAC0832 芯片引脚分布

3) DAC0832 芯片的工作方式。DAC0832 芯片利用 $\overline{WR1}$、$\overline{WR2}$、ILE 和 $\overline{XFER}$ 控制信号可以构成 3 种不同的工作方式。

① 直通方式：$\overline{WR1}=\overline{WR2}=0$ 时，数据可以从输入端经两个寄存器直接进入 DAC。本实验采用的就是这种直通方式。

② 单缓冲方式：两个寄存器之一始终处于直通状态，即 $\overline{WR1}=0$ 或 $\overline{WR2}=0$，另一个寄存器处于受控状态。在不要求多相数-模同时输出时，可以采用单缓冲方式，此时只需一次写操作，就开始转换，可以提高数-模转换的数据吞吐量。

③ 双缓冲方式：两个寄存器均处于受控状态。这种工作方式适合于要求多个模拟信号同时输出的应用场合。

3. 实验仪器与器件

1) QSWD-PBD3 型单片机综合实验装置(单片机最小系统、发光二极管模块、DAC0832 模块、基准电压模块)一台。

2) TKS-52B 型仿真器一只。

3) DAC0832 芯片一只。

4) 连接线数根。

4. 实验内容与步骤

1) 根据 DAC0832 模块的工作原理，将各模块连接起来。具体连线如下：

单片机的 P0 口连接到 DAC0832 模块的 D0～D7 端；

单片机的 P2.7 端连接到 DAC0832 模块的 CS 端；

单片机的 EA 端连接到 +5V 电源端；

DAC0832 模块的 AOUT 端连接到发光二极管；

DAC0832 模块的 WR 端接地；

DAC0832 模块的 VREF 端连接到基准电压模块的 VREF 端，并将电压调成 5V。

2) 运行 Keil μVision2 软件，新建一个工程文件。

3) 输入并编辑源程序文件，并且编译生成 HEX 文件。

4) 用仿真器进行硬件仿真。

5) 运行实验程序，观察 LED 的亮度变化情况，并分析结果。

5. 参考程序

```
              ORG      0000H
              LJMP     START
              ORG      0003H
              RETI
              ORG      000BH
              RETI
              ORG      00013H
              RETI
              ORG      001BH
              RETI
              ORG      0023H
              RETI
START:        MOV      A,#00H
              MOV      DPTR,#7FFFH
              MOV      R1,#14H
LP:           MOVX     @DPTR,A
              CALL     DELAY
              DJNZ     R1,NEXT
              JMP      START
NEXT:         ADD      A,#08H
              JMP      LP
DELAY:        MOV      R7,#0FFH
DELAYLOOP:
              MOV      R6,#0FFH
              DJNZ     R6,$
              DJNZ     R7,DELAYLOOP
              RET
              END
```

6. 实验报告

1）画出实验原理图。

2）写出实验程序。

3）记录 LED 的亮度变化情况。

4.6.4　巩固与拓展练习

学习 DAC0832 芯片的资料，并完成用 DAC0832 芯片产生三角波的功能，独立完成其对单片机的连接图，并编程实现。

第5章 综 合 实 训

单片机作为微型计算机的一个分支，其应用系统的设计方法和思想与一般的微型计算机应用系统的设计在许多方面是一致的。单片机的应用是一种综合性的技术，要求设计、调试人员不但要对单片机本身的结构和原理十分了解，同时还要具备电子技术、电气技术、自动控制原理与系统等各方面的知识。所以，学习单片机应用技术，一方面要对单片机的各组成部分进行研究分析，另一方面还要注意各部分的有机联系和结合，乃至外围器件的接口方法和技巧。

5.1 电子琴项目

1. 实验目的

1）理解蜂鸣器发出声音的工作原理。

2）了解产生音乐的原理。

3）通过实验了解电子琴的工作原理。

2. 实验内容与原理

（1）实验内容 利用独立式按键实现简易电子琴音调：中1，中2，中3，中4，中5，中6，中7和高1。

（2）实验原理 音乐产生的原理：由于一首音乐是由许多不同的音阶组成的，而每个音阶对应着不同的频率，这样就可以利用不同的频率组合，构成我们所想要的音乐了。对于单片机来说，产生不同的频率非常方便，可以利用单片机的定时器/计数器T0来产生这样的方波频率信号，因此，只要保证一首歌曲的音阶对应频率关系正确即可。本实验中单片机晶体振荡频率为11.0592MHz，那么机器周期为 $12/(11.0592 \times 10^6)$，假如选择工作方式1，T 值便为 $T = 2^{16} -$ 方波周期 $\times 0.5/$机器周期 $= 2^{16} - 5 \times 11.0592 \times 10^5/$（相应的频率 $\times 12$），那么根据不同的频率计算出应该赋给定时器的计数值，列出不同音符与单片机计数器 T0 相关的计数值见表5-1。

表5-1 本实验所用音符与单片机计数器计数值对应表

音 符	频率/Hz	简谱码(T值)	音 符	频率/Hz	简谱码(T值)
中1DO	523	64655	中5SO	784	64948
中2RE	587	64751	中6LA	880	65012
中3ME	659	64837	中7SI	988	65069
中4FA	698	64876	高1DO	1046	65095

本实验中，P2 口作键盘输入，P3.7 作蜂鸣器输出。电子琴实验原理如图5-1所示。

3. 实验仪器与器件

1）QSWD-PBD3 型单片机综合实验装置（单片机最小系统、独立式键盘模块、音频电路模

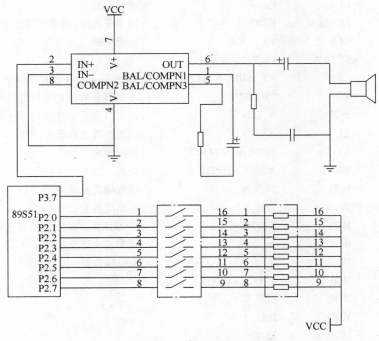

图 5-1　电子琴实验原理

块)一台。

2)TKS-52B 型仿真器一只。

3)连接线数根。

4. 实验步骤

1)本实验的电路连接关系如图 5-1 所示,利用导线将各模块连接起来。具体连线如下:

单片机 P2 口连接到查询式键盘区的 8P 排座;

单片机的 P3.7 端连接到音频电路模块的 IN 端;

单片机的 $\overline{EA}$ 端连接到 +5V 电源。

2)运行 Keil μVision2 软件,新建一个工程文件。

3)输入并编辑源程序文件,并且编译生成 HEX 文件。

4)用仿真器进行硬件仿真。

5)运行实验程序,按不同的按键,观察蜂鸣器的发音情况,并分析结果。

5. 参考程序

```
          ORG       0000H
          AJMP      MAIN
          ORG       000BH
          LJMP      BREAK
          ORG       0030H
MAIN:     MOV       TMOD,#01H        ;设置定时器0的工作方式1
          SETB      ET0              ;设置定时器0中断
          SETB      TR0              ;启动定时器0
```

	CLR	EA	;屏蔽中断
WAIT1：	LCALL	KEY	;调用子程序,判断有键按下否? 第几个键?
	CLR	EA	;屏蔽中断
	SETB	P3.7	
	CJNE	R3,#00H,WAIT1	;如果 R3 = 0,表示有键按下
	MOV	25H,22H	;将 22H 里存放的按键号送给 25H 保存
	MOV	A,22H	;将 22H 里存放的按键号送给 A
	RL	A	;因为查表里都是字,所以需要乘2 查得数据
	MOV	DPTR,#HZTABLE	;指向表头
	MOVC	A,@ A + DPTR	;查表
	MOV	TH0,A	;将数据高位送 TH0
	MOV	21H,A	;将高位备份
	MOV	A,22H	;将 22H 里存放的按键号送给 A
	RL	A	;因为查表里都是字,所以需要乘2 查得数据
	INC	A	;取低位数据
	MOVC	A,@ A + DPTR	
	MOV	TL0,A	
	MOV	20H,A	
WAIT2：	LCALL	KEY	
	SETB	EA	
	CJNE	R3,#00H,WAIT1	;R3 = 0,表示无键按下,到 WAIT1 处
	MOV	A,25H	
	CJNE	A,22H,WAIT1	;按键号改变,到 WAIT1 处
	SJMP	WAIT2	
KEY：	MOV	R3,#0FFH	;KEY 子程序,判断有键按下否? 第几个键?
	MOV	A,#0FFH	
	MOV	P2,A	
	MOV	A,P2	
	CJNE	A,#0FFH,HAVEKEY	
	AJMP	NOKEYRET	
HAVEKEY：			
	SETB	C	;利用标志位 CY 来判断是哪个键按下
	MOV	R2,#08H	
	MOV	R0,#00H	
WAIT3：	RRC	A	;移位判断
	JNC	STORE	
	INC	R0	
	DJNZ	R2,WAIT3	
	AJMP	NOKEYRET	
STORE：			
	MOV	22H,R0	;将按键号存 22H,R3 = 0 有键按下
	MOV	R3,#00H	
NOKEYRET：			

```
                RET
BREAK:      PUSH    ACC                                    ;中断产生方波,从P3.7口输出
            PUSH    PSW
            MOV     TL0,20H
            MOV     TH0,21H
            CPL     P3.7
            POP     PSW
            POP     ACC
            RETI
HZTABLE:

            DW      64655,64751,64837,64876,64948,65012,65069,65095   ;1,2,3,4,5,6,7,1
            END
```

6. 实验报告

1）画出实验原理图。

2）写出实验程序。

3）观察并记录按键时,蜂鸣器的发音情况。

5.2 电子时钟项目

1. 实验目的

1）了解 DS1302 电子时钟芯片的工作原理。

2）掌握 DS1302 电子时钟芯片的编程方法。

3）学会用 DS1302 电子时钟芯片制作电子时钟。

2. 实验内容与原理

（1）实验内容　由单片机控制,DS1302 电子时钟芯片在数码管显示器上显示时、分、秒等。

（2）实验原理　DS1302 芯片是美国 DALLAS 公司推出的一种高性能、低功耗、带 RAM 的电子时钟电路,它可以对年、月、日、周、时、分、秒进行计时,具有闰年补偿功能,工作电压为 2.5~5.5V。该芯片采用三线接口与 CPU 进行同步通信,并可采用突发方式一次传送多字节的时钟信号或 RAM 数据。DS1302 芯片内部有一个 31×8 的用于临时性存放数据的 RAM 寄存器。DS1302 芯片是 DS1202 芯片的升级产品,与 DS1202 芯片兼容,但增加了主电源/后备电源双电源引脚,同时提供了对后备电源进行涓细电流充电的能力。实验原理如图 5-2 所示。

1）引脚功能及结构。DS1302 芯片的引脚排列如图 5-3 所示,其中 VCC1 为后备电源,

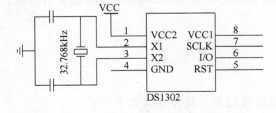

图5-2　实验原理

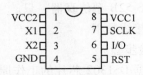

图5-3　DS1302 芯片的引脚排列

VCC2 为主电源。在主电源关闭的情况下，也能保持时钟的连续运行。DS1302 芯片由 VCC1 或 VCC2 两者中的较大者供电。当 VCC2 大于 VCC1 + 0.2V 时，VCC2 给 DS1302 芯片供电；当 VCC2 小于 VCC1 时，DS1302 芯片由 VCC1 供电。X1 和 X2 是振荡源，外接 32.768kHz 晶体振荡。RST 是复位/片选线，通过把 RST 输入驱动置高电平来启动所有的数据传送。RST 输入有两种功能：首先，RST 接通控制逻辑，允许地址/命令序列送入移位寄存器；其次，RST 提供终止单字节或多字节数据的传送手段。当 RST 为高电平时，所有的数据传送被初始化，允许对 DS1302 芯片进行操作。如果在传送过程中 RST 置为低电平，则会终止此次数据传送，I/O 引脚变为高阻态。上电运行时，在 VCC ≥ 2.5V 之前，RST 必须保持低电平。只有在 SCLK 为低电平时，才能将 RST 置为高电平。I/O 为串行数据输入/输出端（双向），后面有详细说明。SCLK 始终是输入端。

2）DS1302 芯片的控制字节。DS1302 芯片的控制字最高有效位（位 7）必须是逻辑 1，如果它为 0，则不能把数据写入 DS1302 芯片中；位 6 如果为 0，则表示存取日历时钟数据，为 1 表示存取 RAM 数据；位 5 至位 1 指示操作单元的地址；最低有效位（位 0）为 0 表示要进行写操作，为 1 表示进行读操作。控制字节总是从最低位开始输出。

3）数据输入/输出（I/O）。在控制指令字输入后的下一个 SCLK 时钟的上升沿时，数据被写入 DS1302 芯片，数据输入从低位（即位 0）开始。同样，在紧跟 8 位的控制指令字后的下一个 SCLK 脉冲的下降沿读出 DS1302 芯片的数据，读出数据时从低位 0 位到高位 7 位。

4）DS1302 芯片寄存器。DS1302 芯片寄存器见表 5-2。

表 5-2　DS1302 芯片寄存器表

寄存器名	命令字节		取值范围	寄存器内容							
	写	读		7	6	5	4	3	2	1	0
秒寄存器	80H	81H	00 ~ 59	CH	10S			SEC			
分寄存器	82H	83H	00 ~ 59	0	10MIN			MIN			
时寄存器	84H	85H	00 ~ 23 或 00 ~ 12	12/24	0	10A/P	HR	HR			
日寄存器	86H	87H	01 ~ 28、29、30、31	0	0	10DATE		DATE			
月寄存器	88H	89H	01 ~ 12	0	0	0	10M	MONTH			
周寄存器	8AH	8BH	01 ~ 07	0	0	0	0	0		DAY	
年寄存器	8CH	8DH	00 ~ 99	10YEAR				YEAR			

3. 实验仪器与器件

1）QSWD-PBD3 型单片机综合实验装置（单片机最小系统、DS1302 模块、动态显示模块）一台。

2）TKS-52B 型仿真器一只。

3）连接线数根。

4. 实验步骤

1）根据 DS1302 芯片的工作原理，将各模块连接起来。具体连线如下所示：

单片机的 P0 口连接到动态显示模块左边的 8P 排座；

单片机的 P2 口连接到动态显示模块右边的 8P 排座；

单片机的 P1.0 端连接到 DS1302 芯片的 SCLK 端；

单片机的 P1.1 端连接到 DS1302 芯片的 RST 端；

单片机的 P1.2 端连接到 DS1302 芯片的 I/O 端；

单片机的 $\overline{EA}$ 端连接到 +5V 电源。

2）运行 Keil μVision2 软件，新建一个工程文件。

3）输入并编辑源程序文件，并且编译生成 HEX 文件。

4）用仿真器进行硬件仿真。

5）运行实验程序，观察动态显示区数码管的时钟能否正常工作，并分析结果。

5. 参考程序

```
            D1302CLK      EQU P1.0
            D1302RST      EQU P1.1
            D1302IO       EQU P1.2          ;引脚定义
            SECOND        EQU 30H           ;秒,输入寄存
            MINITE        EQU 31H           ;分
            HOUR          EQU 32H           ;小时
            SENDDATA      EQU 40H           ;输出缓存区
            COMMAND       EQU 35H           ;命令字 D1302ADDR
            RECDATA       EQU 50H           ;接收缓冲区
            DISPBUF1      EQU 70H           ;秒低位,显示缓冲区
            DISPBUF2      EQU 71H           ;秒高位
            DISPBUF3      EQU 72H           ;分低位
            DISPBUF4      EQU 73H           ;分高位
            DISPBUF5      EQU 74H           ;时低位
            DISPBUF6      EQU 75H           ;时高位
            BITCNT        EQU 40H           ;8 位计数
            BYTECNT       EQU 41H
            ORG           0000H
            LJMP          MAIN
            ORG           0003H
            RETI
            ORG           000BH
            RETI
            ORG           0013H
            RETI
            ORG           001BH
            RETI
            ORG           0023H
            RETI
            ORG           0030H
    MAIN:
            LCALL         CLRM              ;输入寄存(时分秒)和显示缓冲区清 0
```

	MOV	COMMAND,#8EH	;允许写 DS1302,control
	MOV	SENDDATA,#00H	;允许写入寄存器,(80H,禁止写入)(写保护;
			;寄存器最高位 WP 为 0,允许写入/读出,为 1
			;则禁止写入/读出)
	LCALL	SEBYTE	
	MOV	COMMAND,#80H	;1302 振荡器停止工作
	MOV	SENDDATA,#80H	
	LCALL	SEBYTE	
	MOV	COMMAND,#84H	;写小时
	MOV	SENDDATA,HOUR	
	LCALL	SEBYTE	
	MOV	COMMAND,#82H	;写分
	MOV	SENDDATA,MINITE	
	LCALL	SEBYTE	
	MOV	COMMAND,#80H	;写秒
	MOV	SENDDATA,SECOND	
	LCALL	SEBYTE	
	MOV	COMMAND,#80H	;1302 振荡器开始工作
	MOV	SENDDATA,#00H	
	LCALL	SEBYTE	
LOOP:	MOV	COMMAND,#85H	;读小时
	LCALL	RECEIVE	
	MOV	HOUR,RECDATA	
	MOV	R0,HOUR	
	LCALL	HEX2BCD	
	MOV	DISPBUF5,R1	
	MOV	DISPBUF6,R2	
	MOV	COMMAND,#83H	;读分
	LCALL	RECEIVE	
	MOV	MINITE,RECDATA	
	MOV	R0,MINITE	
	LCALL	HEX2BCD	
	MOV	DISPBUF3,R1	
	MOV	DISPBUF4,R2	
	MOV	COMMAND,#81H	;读秒
	LCALL	RECEIVE	
	MOV	SECOND,RECDATA	
	MOV	R0,SECOND	
	LCALL	HEX2BCD	
	MOV	DISPBUF1,R1	
	MOV	DISPBUF2,R2	
	LCALL	DISP	
	AJMP	LOOP	

```
CLRM：     MOV          SECOND,#00H              ;秒寄存清0
           MOV          MINITE,#00H              ;分寄存清0
           MOV          HOUR,#00H                ;时寄存清0
           MOV          R0,#70H
           MOV          R7,#06H
CLR1：     MOV          @R0,#00H                 ;显示缓冲区清0,70H~75H
           INC R0
           DJNZ         R7,CLR1
           RET
SEBYTE：   CLR          D1302RST
           NOP
           CLR          D1302CLK
           NOP
           SETB         D1302RST
           NOP
           MOV          A,COMMAND                ;发送命令字
           MOV          BITCNT,#08H
SBYTE0：   RRC          A                        ;低位先出,发送命令
           MOV          D1302IO,C
           SETB         D1302CLK
           NOP
           NOP
           CLR          D1302CLK
           DJNZ         BITCNT,SBYTE0
           NOP
SBYTE1：   MOV          A,SENDDATA               ;发送数据
           MOV          BITCNT,#08H
SBYTE2：   RRC          A                        ;低位先出,发送数据
           MOV          D1302IO,C
           NOP
           SETB         D1302CLK
           NOP
           NOP
           CLR          D1302CLK
           DJNZ         BITCNT,SBYTE2
           NOP
           CLR          D1302RST
           RET
RECEIVE：  CLR          D1302RST
           NOP
           CLR          D1302CLK
           NOP
           SETB         D1302RST
```

```
              MOV       A,COMMAND            ;发命令字
              MOV       BITCNT,#08H
RBYTE0:       RRC       A
              MOV       D1302IO,C
              NOP
              SETB      D1302CLK
              NOP
              CLR       D1302CLK             ;注意,如果 CLK 为最后一位的时钟时,此
                                             ;时的下降沿已经将需要读入数据的低位
                                             ;放到了 I/O 口
              DJNZ      BITCNT,RBYTE0
              NOP
RBYTE1:       CLR       A
              CLR       C
              MOV       BITCNT,#08H
RBYTE2:       NOP
              MOV       C,D1302IO            ;从 DS1302 芯片读数据
              RRC       A
              SETB      D1302CLK
              NOP
              CLR       D1302CLK
              DJNZ      BITCNT,RBYTE2
              MOV       RECDATA,A
              NOP
              CLR       D1302RST
              RET
HEX2BCD:      MOV       A,R0                 ;寄存器中的数据已经为 BCD 码
              ANL       A,#0FH               ;R1 为低位 BCD 码,R2 为高位 BCD 码
              MOV       R1,A
              MOV       A,R0
              SWAP      A
              ANL       A,#0FH
              MOV       R2,A
              RET
DISP:         MOV       P2,#0FFH             ;数码显示子程序
              MOV       DPTR,#TABLE
              MOV       A,DISPBUF6           ;显示时高位
              MOVC      A,@ A + DPTR
              CLR       P2.5
              MOV       P0,A
              LCALL     DELAY
              SETB      P2.5
              MOV       A,DISPBUF5           ;显示时低位
```

```
            MOVC        A,@ A + DPTR
            CLR         P2. 4
            MOV         P0,A
            LCALL       DELAY
            SETB        P2. 4
            MOV         A,DISPBUF4              ;显示分高位
            MOVC        A,@ A + DPTR
            CLR         P2. 3
            MOV         P0,A
            LCALL       DELAY
            SETB        P2. 3
            MOV         A,DISPBUF3             ;显示分低位
            MOVC        A,@ A + DPTR
            CLR         P2. 2
            MOV         P0,A
            LCALL       DELAY
            SETB        P2. 2
            MOV         A,DISPBUF2            ;显示秒高位
            MOVC        A,@ A + DPTR
            CLR         P2. 1
            MOV         P0,A
            LCALL       DELAY
            SETB        P2. 1
            MOV         A,DISPBUF1           ;显示秒低位
            MOVC        A,@ A + DPTR
            CLR         P2. 0
            MOV         P0,A
            LCALL       DELAY
            SETB        P2. 0
            RET
DELAY：     MOV         R6,#10                 ;延时 5ms
D1：        MOV         R7,#250
            DJNZ        R7,$
            DJNZ        R6,D1
            RET
TABLE：     DB          03H,9FH,25H,0DH,99H,49H,41H,1FH,01H,09H
            END
```

6. 实验报告

1）画出实验原理图。

2）写出实验程序。

3）观察并记录数码管显示情况。

5.3　交通灯模拟控制项目

1. 实验目的

1）了解交通灯的工作原理。

2）掌握利用单片机模拟交通灯控制的方法。

3）学习单片机编程方法。

2. 实验内容与原理

（1）实验内容　用单片机控制红、黄、绿灯的亮灭，模拟交通信号灯。

（2）实验原理　交通信号灯的自动指挥系统安装在十字路口上，使交通得以有效管制，对于疏导交通流量，提高道路通行能力，减少交通事故有明显效果，成为疏导交通车辆最常见和最有效的手段。

本实验中，假设东西、南北两干道交于一个十字路口，各干道有一组红、黄、绿三色的指示灯，指挥车辆和行人安全通行。红灯亮禁止通行，绿灯亮允许通行黄灯亮提示人们注意红、绿灯的状态即将切换。

本实验中，系统启动后，单片机控制南北红灯亮并维持25s，在南北红灯亮的同时，东西绿灯也亮，到20s时东西绿灯闪亮，3s后熄灭，在东西绿灯熄灭后东西黄灯亮。东西黄灯2s后灭东西红灯亮，与此同时南北红灯灭，南北绿灯亮。南北绿灯亮了25s后闪亮，3s后熄灭，黄灯亮2s后熄灭，南北红灯亮，东西绿灯亮，如此循环。交通灯模拟电路原理如图5-4 所示。

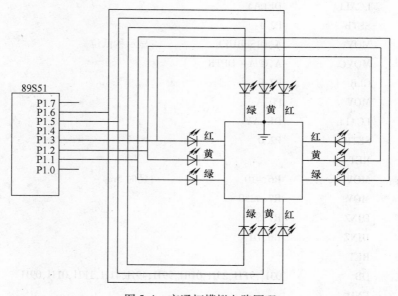

图 5-4　交通灯模拟电路原理

3. 实验仪器与器件

1）QSWD-PBD3 型单片机综合实验装置(单片机最小系统、模拟交通灯模块)一台。

2）TKS-52B 型仿真器一只。

3）连接线数根。

4. 实验步骤

1）本实验的电路连接关系如图 5-4 所示，利用导线将各模块连接起来。具体连线如下：

单片机的 P1. 1 端连接到交通灯模块的东西绿插孔；

单片机的 P1. 2 端连接到交通灯模块的东西黄插孔；

单片机的 P1. 3 端连接到交通灯模块的东西红插孔；

单片机的 P1. 4 端连接到交通灯模块的南北绿插孔；

单片机的 P1. 5 端连接到交通灯模块的南北黄插孔；

单片机的 P1. 6 端连接到交通灯模块的南北红插孔；

单片机的 $\overline{\text{EA}}$ 端连接到 +5V 电源；

交通灯模块的 COM 插孔接地。

2）运行 Keil μVision2 软件，新建一个工程文件。

3）输入并编辑文件，并且编译生成 HEX 文件。

4）用 TKS-52B 型仿真器进行仿真。

5）运行实验程序，观察交通灯模块中的红、黄、绿灯的显示情况，并分析结果。

5. 参考程序

```
            SECOND1     EQU   30H
            SECOND2     EQU   31H
            DBUF        EQU           40H
            TEMP        EQU           44H
            LED _ G1    BIT           P1. 1
            LED _ Y1    BIT           P1. 2
            LED _ R1    BIT           P1. 3
            LED _ G2    BIT           P1. 4
            LED _ Y2    BIT           P1. 5
            LED _ R2    BIT           P1. 6
            ORG         0000H
            LJMP        START
            ORG         0100H
START:
            MOV         TMOD,#01H         ;定时器 0 按工作方式 1 工作
            MOV         TH0,#3CH          ;设定初值,50ms
            MOV         TL0,#0B0H
            CLR         TF0               ;清除中断
            SETB        TR0               ;开启定时器
            CLR         A
            MOV         P1,A
LOOP:       MOV         R2,#20            ;1s 计数
            MOV         R3,#20            ;20s 计数
            MOV         SECOND1,#25       ;25s 计数
            MOV         SECOND2,#25
```

	LCALL	DISPLAY	
	LCALL	STATE1	
WAIT1:	LCALL	DISPLAY	;调用显示,否则显示会闪动
	JNB	TF0,WAIT1	;等待50ms到
	CLR	TF0	
	MOV	TH0,#3CH	;重装初值
	MOV	TL0,#0B0H	
	DJNZ	R2,WAIT1	;1s到? 没到,返回继续
	MOV	R2,#20	;1s到重装初值
	DEC	SECOND1	;25s减1
	DEC	SECOND2	
	DJNZ	R3,WAIT1	;20s到? 没到继续
	MOV	R2,#5	
	MOV	R3,#3	
	MOV	R4,#4	
	MOV	SECOND1,#5	
	MOV	SECOND2,#5	
	LCALL	DISPLAY	
WAIT2:	LCALL	STATE2	
	LCALL	DISPLAY	
	JNB	TF0,WAIT2	
	CLR	TF0	
	MOV	TH0,#3CH	
	MOV	TL0,#0B0H	
	DJNZ	R4,WAIT2	
	CPL	LED_G1	;200ms闪烁一下绿灯
	MOV	R4,#4	
	DJNZ	R2,WAIT2	;1s闪烁5次
	MOV	R2,#5	
	DEC	SECOND1	
	DEC	SECOND2	
	LCALL	DISPLAY	
	DJNZ	R3,WAIT2	;闪烁3s
	MOV	R2,#20	
	MOV	R3,#2	
	MOV	SECOND1,#2	
	MOV	SECOND2,#2	
	LCALL	DISPLAY	
WAIT3:	LCALL	STATE3	
	LCALL	DISPLAY	
	JNB	TF0,WAIT3	
	CLR	TF0	
	MOV	TH0,#3CH	

```
              MOV      TL0,#0B0H
              DJNZ     R2,WAIT3
              MOV      R2,#20
              DEC      SECOND1
              DEC      SECOND2
              LCALL    DISPLAY
              DJNZ     R3,WAIT3
              MOV      R2,#20
              MOV      R3,#20
              MOV      SECOND1,#25
              MOV      SECOND2,#25
              LCALL    DISPLAY
     WAIT4:   LCALL    STATE4
              LCALL    DISPLAY
              JNB      TF0,WAIT4
              CLR      TF0
              MOV      TH0,#3CH
              MOV      TL0,#0B0H
              DJNZ     R2,WAIT4
              MOV      R2,#20
              DEC      SECOND1
              DEC      SECOND2
              LCALL    DISPLAY
              DJNZ     R3,WAIT4
              MOV      R2,#5
              MOV      R4,#4
              MOV      R3,#3
              MOV      SECOND1,#5
              MOV      SECOND2,#5
              LCALL    DISPLAY
     WAIT5:   LCALL    STATE5
              LCALL    DISPLAY
              JNB      TF0,WAIT5
              CLR      TF0
              MOV      TH0,#3CH
              MOV      TL0,#0B0H
              DJNZ     R4,WAIT5
              CPL      LED _ G2
              MOV      R4,#4
              DJNZ     R2,WAIT5
              MOV      R2,#5
              DEC      SECOND1
              DEC      SECOND2
```

	LCALL	DISPLAY
	DJNZ	R3,WAIT5
	MOV	R2,#20
	MOV	R3,#2
	MOV	SECOND1,#2
	MOV	SECOND2,#2
	LCALL	DISPLAY
WAIT6:	LCALL	STATE6
	LCALL	DISPLAY
	JNB	TF0,WAIT6
	CLR	TF0
	MOV	TH0,#3CH
	MOV	TL0,#0B0H
	DJNZ	R2,WAIT6
	MOV	R2,#20
	DEC	SECOND1
	DEC	SECOND2
	LCALL	DISPLAY
	DJNZ	R3,WAIT6
	LJMP	LOOP
STATE1:	CLR	LED_G1
	SETB	LED_Y1
	SETB	LED_R1
	SETB	LED_G2
	SETB	LED_Y2
	CLR	LED_R2
	RET	
STATE2:	SETB	LED_Y1
	SETB	LED_R1
	SETB	LED_G2
	SETB	LED_Y2
	CLR	LED_R2
	RET	
STATE3:	SETB	LED_G1
	SETB	LED_R1
	SETB	LED_G2
	SETB	LED_Y2
	SETB	LED_R2
	CLR	LED_Y1
	RET	
STATE4:	SETB	LED_G1
	SETB	LED_Y1
	CLR	LED_R1

```
          CLR       LED _ G2
          SETB      LED _ Y2
          SETB      LED _ R2
          RET
STATE5：   SETB      LED _ G1
          SETB      LED _ Y1
          CLR       LED _ R1
          SETB      LED _ Y2
          SETB      LED _ R2
          RET
STATE6：   SETB      LED _ G1
          SETB      LED _ Y1
          CLR       LED _ R1
          SETB      LED _ G2
          SETB      LED _ R2
          CLR       LED _ Y2
          RET
DISPLAY： MOV       A,SECOND1
          MOV       B,#10
          DIV       AB
          MOV       DBUF + 3,A
          MOV       A,B
          MOV       DBUF + 2,A
          MOV       A,SECOND2
          MOV       B,#10
          DIV       AB
          MOV       DBUF + 1,A
          MOV       A,B
          MOV       DBUF,A
          MOV       R0,#DBUF
DP10：     MOV       DPTR,#LEDMAP
          MOV       A,@ R0
          MOVC      A,@ A + DPTR
          MOV       P0,A
          CLR       P2. 2
          LCALL     DL1MS
          SETB      P2. 2
          INC       R0
          MOV       A,@ R0
          MOVC      A,@ A + DPTR
          MOV       P0,A
          CLR       P2. 3
          LCALL     DL1MS
```

```
            SETB        P2.3
            RET
DL1MS:      MOV         R6,#14H
DL1:        MOV         R7,#50H
DL2:        DJNZ        R7,DL2
            DJNZ        R6,DL1
            RET
LEDMAP:     DB          03H,9FH,25H,0DH,99H,49H,41H,1FH,01H,09H
            END
```

6. 实验报告

1）画出实验原理图。

2）写出实验程序。

3）观察并记录交通灯亮灭情况。

5.4　点阵 LED 数字显示项目

1. 实验目的

1）理解点阵 LED 显示器的工作原理。

2）学会单片机对点阵 LED 显示器的控制。

3）学习单片机编程方法。

2. 实验内容与原理

（1）实验内容　利用单片机控制 8×8 点阵显示器显示数字 0~9。

（2）实验原理　一个 8×8 的点阵是由 64 个发光二极管按一定规律组成的。图 5-5 所示的发光二极管，行接低电平，列接高电平，发光二极管导通发光。

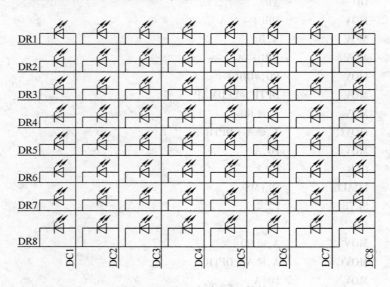

图 5-5　8×8 点阵 LED 结构

本实验利用人眼的惰性,采用扫描驱动方式。扫描驱动方式的优点在于 LED 显示屏不必对每个发光灯提供单独的驱动电路,而是若干个发光灯为一组共用一个驱动电路,通过扫描的方法,使各组发光灯一次点亮,只要扫描频率高于临界闪烁频率,人眼看起来各组发光灯都在发光。由于 LED 显示屏所使用的发光灯数量很多,一般在几千只到几十万只的范围,所以节约驱动电路的效益是十分可观的。

如图 5-6 所示,假设显示数字"0",行线送 0000 0000H(00H),第 1、2 和 8 列送 0000 0000H(00H),全为低电平,发光二极管没导通,所以为暗;第 3 列送 0011 1110H(3EH),送高电平的行导通,送低电平的行没导通,所以第 3、4、5、6、7 行亮,其他不亮;第 4 列送 0100 0001H(41H),第 2、8 行亮,其他不亮;同理可知其他列的亮灭情况。这样,就得到了数字"0"的 00H, 00H, 3EH, 41H, 41H, 41H, 3EH, 00H。只要把这些代码分别送到相应的列线上面,即可实现数字"0"的显示。用同样的方式可获得其他数字的代码。

数字"1"的显示和代码如图 5-7 所示。

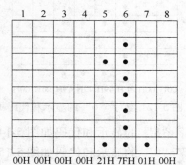

图 5-6　数字"0"的显示和代码　　　　图 5-7　数字"1"的显示和代码

数字"2"的显示和代码如图 5-8 所示。

数字"3"的显示和代码如图 5-9 所示。

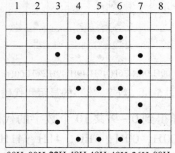

图 5-8　数字"2"的显示和代码　　　　图 5-9　数字"3"的显示和代码

数字"4"的显示和代码如图 5-10 所示。

数字"5"的显示和代码如图 5-11 所示。

数字"6"的显示和代码如图 5-12 所示。

数字"7"的显示和代码如图 5-13 所示。

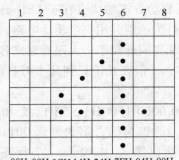

图 5-10　数字"4"的显示和代码

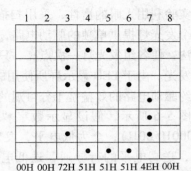

图 5-11　数字"5"的显示和代码

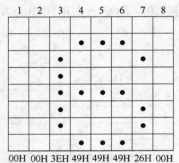

图 5-12　数字"6"的显示和代码

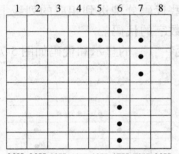

图 5-13　数字"7"的显示和代码

数字"8"的显示和代码如图 5-14 所示。

数字"9"的显示和代码如图 5-15 所示。

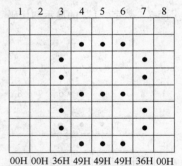

图 5-14　数字"8"的显示和代码

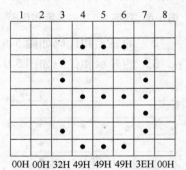

图 5-15　数字"9"的显示和代码

这样得到 0~9 共 10 个数字的代码如下。

0：00H, 00H, 3EH, 41H, 41H, 41H, 3EH, 00H

1：00H, 00H, 00H, 00H, 21H, 7FH, 01H, 00H

2：00H, 00H, 27H, 45H, 45H, 45H, 39H, 00H

3：00H, 00H, 22H, 49H, 49H, 49H, 36H, 00H

4：00H, 00H, 0CH, 14H, 24H, 7FH, 04H, 00H

5：00H, 00H, 72H, 51H, 51H, 51H, 4EH, 00H

6：00H, 00H, 3EH, 49H, 49H, 49H, 26H, 00H

7：00H，00H，40H，40H，40H，4FH，70H，00H

8：00H，00H，36H，49H，49H，49H，36H，00H

9：00H，00H，32H，49H，49H，49H，3EH，00H

要显示 10 个数字，采用查表的方式，先将这 10 个数字的点阵从字库中读出，放到显示缓存，如果要实现左移或者其他的显示效果则将显示缓存中的每个位进行移位或者其他处理，然后再调用扫描显示函数就可以实现所规定的效果。

点阵 LED 与单片机的接口电路如图 5-16 所示，单片机给点阵 LED 送显示代码过程如下：送第一列线（L0 ~ L7）代码到 P2 口，同时置第一行线为"0"，其他行线为"1"，延时 2ms 左右；送第二列线代码到 P2 口，同时置第二行线为"0"，其他行线为"1"，延时 2ms 左右。如此下去，直到送完最后一列代码，又从头开始送。

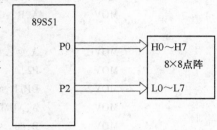

图 5-16 点阵 LED 与单片机的接口电路

3. 实验仪器与器件

1）QSWD-PBD3 型单片机综合实验装置（单片机最小系统、LED 点阵显示模块）一台。

2）TKS-52B 型仿真器一只。

3）连接线数根。

4. 实验步骤

1）根据点阵 LED 的工作原理，将各模块连接起来。具体连线如下所示：

单片机的 P0 口连接到点阵 LED 模块的 H0 ~ H7 插座；

单片机的 P2 口连接到点阵 LED 模块的 L0 ~ L7 插座；

单片机的 $\overline{EA}$ 端连接到 + 5V 电源。

2）运行 Keil μVision2 软件，新建一个工程文件。

3）输入并编辑源程序文件，并且编译生成 HEX 文件。

4）用仿真器进行硬件仿真。

5）运行实验程序，观察 8 ×8 点阵显示器的显示情况，并分析结果。

5. 参考程序

```
                TCOUNT      EQU   30H
                R _ CNT     EQU   31H
                NUMB        EQU   32H
                ORG         00H
                LJMP        START
                ORG         0BH
                LJMP        INT _ T0
        START:  MOV         TCOUNT,#00H
                MOV         R _ CNT,#00H
                MOV         NUMB,#00H
                MOV         TMOD,#01H
                MOV         TH0,#(65536-4000)/256      ;定时4ms
                MOV         TL0,#(65536-4000)MOD 256
```

```
                    SETB        TR0
                    MOV         IE,#82H
                    SJMP        $
    INT _ T0：       MOV         TH0,#(65536-1000)/256
                    MOV         TL0,#(65536-1000)MOD 256
                    MOV         DPTR,#TAB            ;选中某列
                    MOV         A,R _ CNT
                                                    ;R _ CNT 为列计数器
                    MOVC        A,@ A + DPTR
                    MOV         P2,A
                    MOV         DPTR,#NUB            ;取此列的代码
                    MOV         A,NUMB              ;NUMB 为要显示的数据
                    MOV         B,#8
                    MUL         AB                  ;确定行码在第几行
                    ADD         A,R _ CNT           ;确定在第几行第几列
                    MOVC        A,@ A + DPTR
                    CPL         A
                    MOV         P0,A                ;输出行码
                    INC         R _ CNT
                    MOV         A,R _ CNT
                    CJNE        A,#8,NEXT
                    MOV         R _ CNT,#00H
    NEXT：          INC         TCOUNT              ;显示延时每个数字显示 1s
                    MOV         A,TCOUNT
                    CJNE        A,#250,NEX
                    MOV         TCOUNT,#00H
                    INC         NUMB                ;NUMB 为要显示的数据
                    MOV         A,NUMB
                    CJNE        A,#10,NEX           ;0 ~ 9 循环显示
                    MOV         NUMB,#00H
    NEX：           RETI
    TAB：           DB          0FEH,0FDH,0FBH,0F7H,0EFH,0DFH,0BFH,7FH
    NUB：           DB          00H,00H,3EH,41H,41H,41H,3EH,00H
                    DB          00H,00H,00H,00H,21H,7FH,01H,00H
                    DB          00H,00H,27H,45H,45H,45H,39H,00H
                    DB          00H,00H,22H,49H,49H,49H,36H,00H
                    DB          00H,00H,0CH,14H,24H,7FH,04H,00H
                    DB          00H,00H,72H,51H,51H,51H,4EH,00H
                    DB          00H,00H,3EH,49H,49H,49H,26H,00H
                    DB          00H,00H,40H,40H,40H,4FH,70H,00H
                    DB          00H,00H,36H,49H,49H,49H,36H,00H
                    DB          00H,00H,32H,49H,49H,49H,3EH,00H
                    END
```

6. 实验报告

1）画出实验原理图。

2）写出实验程序。

3）观察并记录点阵 LED 的显示情况。

5.5 微型打印机项目

1. 实验目的

1）了解微型打印机的基础知识和工作原理。

2）掌握利用单片机控制微型打印机的方法。

3）学习单片机编程方法。

2. 实验内容与原理

（1）实验内容　利用单片机控制微型打印机打印字符。

（2）实验原理　微型打印机广泛使用在各个行业，如仪器仪表、超级市场、便利店、邮政、银行、烟草专卖、公用事业抄表、移动警务系统、移动政务系统等。现在市面上有很多种微型打印机，各自都有自己的适用范围。根据分类依据不同，微型打印机有不同的分类。

1）按照用途分类。

① 专用微型打印机：所谓专用微型打印机是指特殊用途的微型打印机，如专业条码微型打印机、专业证卡微型打印机等，这些微型打印机通常需要专业的软件或驱动程序进行支持，或者只能配套一种或几种特殊的设备才能工作。

② 通用微型打印机：通用的微型打印机使用范围比较广，可以支持很多种设备的打印输出，很多所谓的印表机其实也是通用的微型打印机。

2）按照打印方式分类。

① 针式微型打印机：针式微型打印机采用的打印方式是打印针撞击色带将色带的油墨印在打印纸上。

② 热敏微型打印机：热敏微型打印机是用加热的方式使涂在打印纸上的热敏介质变色。

③ 热转印微型打印机：热转印是将碳带上的碳粉通过加热的方式将碳粉印在打印纸上，目前除了条码打印机和车票打印机，在其他领域国内使用很少。另外还有微型字模打印机，这种打印机多用在出租车上。

3）按照工作场所分类。

① 便携式微型打印机：便携式微型打印机体积较小，采用电池供电，并利用红外或蓝牙技术进行数据通信，当然也使用串口。通常便携式微型打印机又称为便携式票据打印机，主要用于各种移动系统，如政府部门的移动警务系统、移动执法系统等现场打印执法文书，另外如保险行业的现场车辆定损系统打印定损单、户外设备巡检、物流系统交割单等。

② 台式微型打印机：通常置于桌面通过串口或并口接收数据打印；通常用于 POS 机打印小票或配合仪器仪表打印测试结果。

③ 嵌入式微型打印机：严格说来，嵌入式微型打印机不能算一个完整产品，而是一个产品的部件，只需要简单安装就能实现打印功能，常用于嵌入式仪器仪表进行打印，或者嵌

入 ATM 机、排队机等打印。

本实验用单片机控制打印机进行工作，对打印机的控制流程一般包括：

1）读打印机状态，判断打印机是否忙（BUSY）。

2）若不忙，则向打印机数据口输出数据（D0～D7）。

3）向打印机输出数据选通信号（STROBE）。

本实验的打印机与单片机的接口电路如图 5-17 所示，打印机的状态通过 P3.2 读入，单片机判断打印机是否忙。8 位打印数据由 P1 口输出，写到 P1 口的数据会送到打印机的数据口。打印选通信号是低电平有效，输出的选通信号由 P3.7 输出。向打印口输出字符的 ASCII 码，就能打印出相应的字，打印机控制时序图如图 5-18 所示。

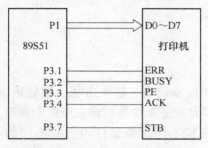

图 5-17　打印机与单片机的接口电路

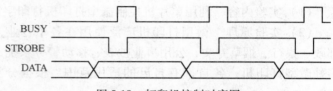

图 5-18　打印机控制时序图

3. 实验仪器与器件

1）QSWD-PBD3 型单片机综合实验装置（单片机最小系统、微型打印机模块）一台。

2）TKS-52B 型仿真器一只。

3）连接线数根。

4. 实验步骤

1）根据微型打印机的工作原理，将各模块连接起来。具体连线如下所示：

单片机的 P1 口连接到打印机模块的 8P 排座；

单片机的 P3.1 端连接到打印机模块的 ERR 端；

单片机的 P3.2 端连接到打印机模块的 BUSY 端；

单片机的 P3.3 端连接到打印机模块的 PE 端；

单片机的 P3.4 端连接到打印机模块的 ACK 端；

单片机的 P3.7 端连接到打印机模块的 STB 端；

单片机的EA端连接到 +5V 电源；

打印机模块的 VCC 端连接到 +5V 电源；

打印机模块的 GND 端连接到地。

注意：打印机的 VCC 和 GND 不能接反，否则会造成打印机永久损坏，请仔细确认。

2）运行 Keil μVision2 软件，新建一个工程文件。

3）输入并编辑源程序文件，并且编译生成 HEX 文件。

4）用仿真器进行硬件仿真。

5）运行实验程序，观察打印机的工作情况，并分析结果。

5. 参考程序

```
                BUSY      EQU    P3.2           ;定义 BUSY 信号引脚
                nSTB      EQU    P3.7           ;定义 nSTB 信号引脚
                PE        EQU    P3.3           ;定义纸检测信号引脚
                nACK      EQU    P3.4           ;定义应答信号引脚
                nERR      EQU    P3.1           ;定义错误检测信号引脚
                ORG       0000H
                JMP       START
START:          MOV       DPTR,#print _ content
                MOV       R0,#9          ;存待打印数据的字节数
MAIN:           CLR       A
                MOVC      A,@ A + DPTR
                LCALL     PRINTB
                INC       DPTR
                DJNZ      R0,MAIN
                MOV       A,#0DH
                LCALL     PRINTB
                SJMP      $              ;打印结束死循环
;PRINTB 子程序将累加器 A 中的 1B 数据发送到打印机
PRINTB:         JB        BUSY,$         ;等待打印机到空闲
                MOV       P1,A           ;送数据到数据口
                CLR       nSTB           ;置 nSTB 为低电平
                NOP                      ;延长 nSTB 信号脉冲宽度以满足时序要求
                NOP
                NOP
                SETB      nSTB           ;置 nSTB 为高电平(此时数据将被读入打印机)
                RET
print _ content:
                DB        '电子工程'
                DB        0dh
                END
```

6. 实验报告

1) 画出实验原理图。

2) 写出实验程序。

3) 观察打印机工作情况。

5.6 汽车转弯灯模拟控制项目

1. 实验目的

1) 了解汽车转弯灯的工作原理。

2) 掌握利用单片机控制汽车转弯灯的方法。

3) 学习单片机编程方法。

2. 实验内容与原理

（1）实验内容　利用单片机模拟控制汽车转弯灯：当左转弯按钮按下后，左转弯灯闪烁；当右转弯按钮按下后，右转弯灯闪烁；按钮没有按下时，灯都不闪烁。

（2）实验原理　汽车转弯灯控制系统在汽车电气部分中占有相当重要的比重。汽车信号灯的作用是大家所熟知的，汽车通过显示不同的信号灯告诉前后左右的行车或者行人本汽车正在进行的操作，以达到安全行驶的目的。汽车信号灯主要有 7 种形式：左头灯、右头灯、左侧灯、右侧灯、左尾灯、右尾灯和错误指示灯。

汽车转弯灯控制系统是模拟汽车在驾驶中的左转弯、右转弯、制动、紧急开关、停靠等操作。在左转弯或右转弯时，通过转弯操作杆使左转弯或右转弯开关合上，从而使左头信号灯、仪表板的左转弯灯、左尾信号灯或右头信号灯、仪表板的右转弯灯、右尾信号灯闪烁；闭合紧急开关时以上 6 个信号灯全部闪烁；汽车制动时，左右两个尾信号灯点亮；若正当转弯时制动，则转弯时原闪烁的信号灯应继续闪烁，同时另一个尾信号灯点亮，以上闪烁的信号灯以 1Hz 频率慢速闪烁；在汽车停靠开关合上时，左头信号灯、右头信号灯、左尾信号灯、右尾信号灯以 10Hz 频率快速闪烁。各种驾驶操作时，对应的信号灯亮灭情况见表 5-3，任何在下表中未出现的组合，都将出现故障指示灯闪烁，闪烁频率为 10Hz。

表 5-3　驾驶操作时信号灯对应情况

驾驶操作	信号灯					
	左转	右转	左头灯	右头灯	左尾灯	右尾灯
左转弯开关	闪烁	灭	闪烁	灭	闪烁	灭
右转弯开关	灭	闪烁	灭	闪烁	灭	闪烁
紧急开关	闪烁	闪烁	闪烁	闪烁	闪烁	闪烁
制动开关	灭	灭	灭	灭	亮	亮
左转弯时制动	闪烁	灭	闪烁	灭	闪烁	亮
右转弯时制动	灭	闪烁	灭	闪烁	亮	闪烁
制动紧急开关	闪烁	闪烁	闪烁	闪烁	亮	亮
左转弯、制动、紧急开关	闪烁	闪烁	闪烁	闪烁	闪烁	亮
右转弯、制动、紧急开关	闪烁	闪烁	闪烁	闪烁	亮	闪烁
停靠	灭	灭	闪烁(10Hz)	闪烁(10Hz)	闪烁(10Hz)	闪烁(10Hz)

　　本实验用 51 单片机模拟控制汽车驾驶中的左转弯和右转弯操作，通过转弯按钮的开合，从而使左、右头灯和左、右尾灯相对应的亮灭，实现对汽车转弯灯的控制。汽车转弯灯与单片机的连接电路如图 5-19 所示。

3. 实验仪器与器件

1）QSWD-PBD3 型单片机综合实验装置（单片机最小系统、汽车转弯灯模块）一台。

2）TKS-52B 型仿真器一只。

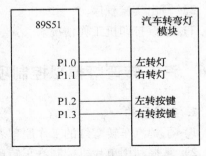

图 5-19　汽车转弯灯与单片机的连接电路

3）连接线数根。

4. 实验步骤

1）根据汽车转弯灯的工作原理，将各模块连接起来。具体连线如下所示：

单片机的 P1.0 端连接到汽车转弯灯模块的左转弯灯端；

单片机的 P1.1 端连接到汽车转弯灯模块的右转弯灯端；

单片机的 P1.2 端连接到汽车转弯灯模块的左转按键端；

单片机的 P1.3 端连接到汽车转弯灯模块的右转按键端；

汽车转弯灯模块的 VCC 端连接到 5V 电源；

汽车转弯灯模块的 GND 端连接到地。

2）运行 Keil μVision2 软件，新建一个工程文件。

3）输入并编辑源程序文件，并且编译生成 HEX 文件。

4）用仿真器进行硬件仿真。

5）运行实验程序，观察实验现象，并分析结果。

5. 参考程序

```
            LEFTLIGHT      EQU P1.0
            RIGHTLIGHT     EQU P1.1
            LEFTBUTTON     EQU P1.2
            RIGHTBUTTON    EQU P1.3
            ORG            0000H
            LJMP           MAIN
            ORG            0030H
MAIN：      SETB           LEFTLIGHT
            SETB           RIGHTLIGHT
            CLR            EA
MAIN1：     LCALL          KEY1
            AJMP           MAIN1
KEY1：      JB             LEFTBUTTON,KEY2
            LCALL          DL10MS
            JB             LEFTBUTTON,KEY2
            JNB            LEFTBUTTON,$
K2：        MOV            R0,#4
            MOV            TMOD,#01H
K1：        CLR            TF0
            MOV            TH0,#3CH          ;设定初值,50ms
            MOV            TL0,#0B0H
            SETB           TR0               ;开启定时器
            JNB            TF0,$
            DJNZ           R0,K1
            MOV            R0,#4
            CPL            P1.0
            JB             LEFTBUTTON,K1
```

```
            LCALL        DL10MS
            JB           LEFTBUTTON,K1
            JMP          KEYOUT
KEY2：      JB           RIGHTBUTTON,KEYOUT
            LCALL        DL10MS
            JB           RIGHTBUTTON,KEYOUT
            JNB          RIGHTBUTTON,$
K3：        MOV          R0,#4
            MOV          TMOD,#01H
K4：        CLR          TF0
            MOV          TH0,#3CH              ;设定初值,50ms
            MOV          TL0,#0B0H;
            SETB         TR0                   ;开启定时器
            JNB          TF0,$
            DJNZ         R0,K4
            MOV          R0,#4
            CPL          RIGHTLIGHT
            JB           RIGHTBUTTON,K3
            LCALL        DL10MS
            JB           RIGHTBUTTON,K3
KEYOUT：
            SETB         P1.0
            SETB         P1.1
            CLR          TR0
            JNB          RIGHTBUTTON,$
            JNB          LEFTBUTTON,$
            RET
DL10MS：    MOV          R6,#5                 ;延时5ms
D1：        MOV          R7,#250
            DJNZ         R7,$
            DJNZ         R6,D1
            RET
            END
```

6. 实验报告

1）画出实验原理图。

2）写出实验程序。

3）观察并记录按下按钮时，汽车转弯灯的亮灭情况。

5.7　步进电动机控制项目

1. 实验目的

1）理解步进电动机的工作原理。

2）掌握利用单片机控制步进电动机的方法。

3）学习步进电动机转动的编程方法。

2. 实验内容与原理

（1）实验内容　编程实现步进电动机的控制。

（2）实验原理　步进电动机是将电脉冲信号转变为角位移或线位移的电磁机械装置，也是一种能把输出机械位移增量和输入数字脉冲对应的器件。在非超载的情况下，电动机的转速、停止的位置只取决于脉冲信号，它驱动步进电动机按设定的方向转动一个固定的角度，称为"步距角"，它的旋转是以固定的角度一步一步运行的。可以通过控制脉冲个数来控制角位移量，从而达到准确定位的目的；同时可以通过控制脉冲频率来控制电动机转动的速度和加速度，从而达到调速的目的。

步进电动机是一种感应电动机，其工作原理是利用电子电路，将直流电变成分时供电的多相时序控制电流，用这种电流为步进电动机供电，步进电动机才能正常工作。

现在比较常用的步进电动机包括反应式步进电动机、永磁式步进电动机、混合式步进电动机等。反应式步进电动机一般为三相，可实现大转矩输出，步进角一般为 1.5°，但噪声和振动都很大。反应式步进电动机转子磁路由软磁材料制成，定子上有多相励磁绕组，利用磁导的变化产生转矩。永磁式步进电动机一般为两相，转矩和体积较小，步进角一般为 7.5°或 15°。混合式步进电动机混合了永磁式和反应式的优点，又分为两相和五相：两相步进角一般为 1.8°而五相步进角一般为 0.72°，这种步进电动机的应用最为广泛。

通常电动机的转子是永磁体，当电流流过定子绕组时，定子绕组产生一矢量磁场，该磁场会带动转子旋转一个角度。每输入一个电脉冲，电动机转动一个角度，前进一步。它输出的角位移与输入的脉冲数成正比，转速与脉冲频率成正比，改变绕组通电的顺序，电动机就会反转，所以可用控制脉冲数量、频率及电动机各相绕组的通电顺序来控制步进电动机的转动。步进电动机的工作原理如图 5-20 所示。

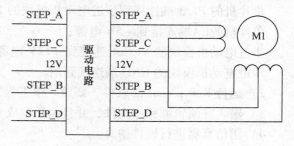

图 5-20　步进电动机的工作原理

步进电动机的驱动原理是通过对每相线圈中的电流顺序的切换来使电动机作步进式旋转。切换是通过单片机输出脉冲信号来实现的。所以调节脉冲信号的频率便可以改变步进电动机的转速，改变各相脉冲的先后顺序，从而改变电动机的旋转方向。步进电动机的转速应由慢到快逐步加速。

步进电动机的驱动方式如图 5-21 所示。步进电动机的驱动可以采用双四拍（AB→BC→CD→DA→AB）方式，也可以采用单四拍（A→B→C→D→A）方式，或单、双八拍（A→AB→B→BC→C→CD→D→DA→A）方式。各种工作方式的时序图如图 5-21 所示（高电平有效）。

图 5-21 中示意的脉冲信号是高电平有效，但实际控制时公共端是接在 VCC 上的，所以实际控制脉冲是低电平有效。本实验中采用单、双八拍工作方式。单片机 P1 口输出的脉冲信号经倒相驱动后，向步进电动机输出脉冲信号序列来控制步进电动机的运转。根据单、双

八拍工作方式时序图，单片机向 A，B，C，D 送的脉冲信号的编码为 08H，0CH，04H，06H，02H，03H，01H，09H。

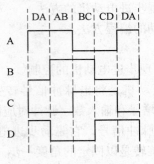
a) 双四拍方式

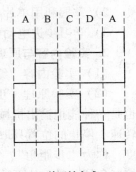
b) 单四拍方式

3. 实验仪器与器件

1）QSWD-PBD3 型单片机综合实验装置（单片机最小系统、步进电动机模块）一台。

2）TKS-52B 型仿真器一只。

3）连接线数根。

4. 实验步骤

1）根据步进电动机的工作原理，将各模块连接起来。具体连线如下所示：

单片机的 P1.0 端连接到步进电动机模块的 A 端；

单片机的 P1.1 端连接到步进电动机模块的 B 端；

单片机的 P1.2 端连接到步进电动机模块的 C 端；

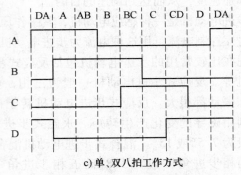
c) 单、双八拍工作方式

图 5-21 步进电动机的驱动方式

单片机的 P1.3 端连接到步进电动机模块的 D 端；

单片机的$\overline{EA}$端连接到 +5V 电源；

步进电动机模块的 VCC 端连接到 +12V 电源；

步进电动机模块的 GND 端连接到地。

2）运行 Keil μVision2 软件，新建一个工程文件。

3）输入并编辑源程序文件，并且编译生成 HEX 文件。

4）用仿真器进行硬件仿真。

5）运行实验程序，观察实验现象，并分析结果。

5. 参考程序

```
        BA EQU      P1.0
        BB EQU      P1.1
        BC EQU      P1.2
        BD EQU      P1.3
        ORG         0000H
        LJMP        MAIN
        ORG         0040H
MAIN：  MOV         SP,#60H
        ACALL       DELAY
SMRUN： MOV         P1,#08H
        ACALL       DELAY
```

```
                MOV         P1,#0CH
                ACALL       DELAY
                MOV         P1,#04H
                ACALL       DELAY
                MOV         P1,#06H
                ACALL       DELAY
                MOV         P1,#02H
                ACALL       DELAY
                MOV         P1,#03H
                ACALL       DELAY
                MOV         P1,#01H
                ACALL       DELAY
                MOV         P1,#09H
                ACALL       DELAY
                SJMP        SMRUN
    DELAY：      MOV         R4,#2
    DELAY1：     MOV         R5,#250
                DJNZ        R5,$
                DJNZ        R4,DELAY1
                RET
                END
```

6. 实验报告

1）画出实验原理图。

2）写出实验程序。

3）观察并记录步进电动机的工作情况。

5.8 直流电动机控制项目

1. 实验目的

1）理解直流电动机的工作原理。

2）掌握单片机控制直流电动机的方法。

3）学习直流电动机转动的编程方法。

2. 实验内容与原理

（1）实验内容 通过编程实现直流电动机的 PWM 控制实验原理。

（2）实验原理

1）直流电动机基础知识。直流电动机的结构应由定子和转子两大部分组成。直流电动机运动时静止不动的部分为定子，定子的主要作用是产生磁场，由机座、主磁极、换向极、端盖、轴承和电刷装置等组成；运动时转动的部分称为转子，其主要作用是产生电磁转矩和感应电动势，是直流电动机进行能量转换的枢纽，由转轴、电枢绕组、转向器和风扇等组成。

直流电动机的励磁方式是指对励磁绕组如何供电，如何产生励磁磁通势从而建立主磁场的问题。根据励磁方式的不同，直流电动机可分为下列几种类型：

① 他励直流电动机。励磁绕组与电枢绕组无连接关系，而由其他直流电源对励磁绕组供电的直流电动机。永磁式直流电动机可看做他励直流电动机。

② 并励直流电动机。并励直流电动机的励磁绕组与电枢绕组相并联。对并励电动机来说，励磁绕组与电枢绕组共用同一电源，从性能上讲与他励直流电动机相同。

③ 串励直流电动机。串励直流电动机的励磁绕组与电枢绕组串联后，再接于直流电源，这种直流电动机的励磁电流就是电枢电流。

④ 复励直流电动机。复励直流电动机有并励和串励两个励磁绕组。若串励绕组产生的磁通势与并励绕组产生的磁通势方向相同称为积复励；若两个磁通势方向相反，则称为差复励。

2）脉宽调制技术。脉宽调制(Pulse Width Modulation, PWM)是利用微处理器的数字输出来对模拟电路进行控制的一种非常有效的技术，广泛应用在测量、通信等功率控制与变换的许多领域中。

PWM 的一个优点是从处理器到被控系统信号都是数字形式的，无须进行数-模转换。让信号保持为数字形式可将噪声影响降到最小。噪声只有在强到足以将逻辑 1 改变为逻辑 0 或将逻辑 0 改变为逻辑 1 时，才能对数字信号产生影响。

PWM 控制的基本原理很早就已经提出，但是受电力电子器件发展水平的制约，在 20 世纪 80 年代以前一直未能实现。直到进入 20 世纪 80 年代，随着全控型电力电子器件的出现和迅速发展，PWM 控制技术才真正得到应用。随着电力电子技术、微电子技术和自动控制技术的发展以及各种新的理论方法(如现代控制理论、非线性系统控制思想)的应用，PWM 控制技术获得了空前的发展。到目前为止，已出现了多种 PWM 控制技术。根据 PWM 控制技术的特点，到目前为止主要有以下 8 类方法：等脉宽 PWM 法、随机 PWM 法、SPWM 法、等面积法、硬件调制法、软件生成法、自然采样法和规则采样法。

直流电动机在电压允许范围内，其转速随着电压的升高而加快，若加上的电压为负电压，则电动机会反向旋转。本实验通过单片机产生 PWM 波，经过 PWM 电压转换成模拟电压，将电压经驱动后加在直流电动机上，使其运转。通过单片机输出不同的 PWM 频率来调节转速。直流电动机的实验框图如图 5-22 所示。

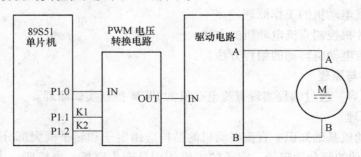

图 5-22　直流电动机的实验框图

3. 实验仪器与器件

1）QSWD-PBD3 型单片机综合实验装置(单片机最小系统、直流电动机模块、PWM 电压转换模块、开关模块)一台。

2）TKS-52B 型仿真器一只。

3）连接线数根。

4. 实验步骤

1）本实验的实验框图如图 5-22 所示，利用导线将各模块连接起来。具体连线如下：

将单片机试验台的挂件 1，挂件 2，挂件 3 共地；

单片机的 P1.0 端连接到 PWM 电压转换模块的 IN 端；

单片机的 P1.1 端连接到开关模块的 K1 插孔；

单片机的 P1.2 端连接到开关模块的 K2 插孔；

单片机的 $\overline{EA}$ 端连接到 +5V 电源；

直流电动机模块的 IN 端连接到 PWM 电压转换模块的 OUT 端；

直流电动机模块的 VCC 端连接到 +5V 电源；

直流电动机模块的 GND 端接地；

直流电动机模块内部 A 端连接到驱动电路 A 端；

直流电动机模块内部 B 端连接到驱动电路 B 端。

2）运行 Keil μVision2 软件，新建一个工程文件。

3）输入并编辑源程序文件，并且编译生成 HEX 文件。

4）用仿真器进行硬件仿真。

5）运行实验程序，拨动开关，观察实验现象并分析结果。

5. 参考程序

```
            PWMH        EQU  30H
            PWM         EQU  31H
            COUNTER     EQU  32H
            TEMP        EQU  33H
            ORG         0000H
            AJMP        MAIN
            ORG         000BH
            AJMP        INTT0
            ORG         0100H
MAIN：      MOV         SP,#60H
            MOV         PWMH,#15H
            MOV         PWM,#15H
            MOV         COUNTER,#01H
            MOV         TMOD,#02H
            MOV         TH0,#38H
            MOV         TL0,#38H
            SETB        ET0
            SETB        EA
            SETB        TR0
KSCAN：     JNB         P1.1,K1CHECK
            JNB         P1.2,K2CHECK
            AJMP        KSCAN
```

```
K1CHECK：   LCALL    DE10MS
            JB       P1.1,KSCAN
            SJMP     K1HANDLE
K1HANDLE：  JNB      P1.1,$
            MOV      A,PWMH
            CJNE     A,PWM,K1H0
K1H0：      JC       K1H2
            MOV      A,PWM
            MOV      PWMH,A
            SJMP     KSCAN
K1H2：      INC      PWMH
            SJMP     KSCAN
K2CHECK：   LCALL    DE10MS
            JB       P1.2,KSCAN
            SJMP     K2HANDLE
K2HANDLE：  JNB      P1.2,$
            MOV      A,PWMH
            CJNE     A,#01H,K2H0
            SJMP     KSCAN
K2H0：      MOV      A,PWMH
            MOV      TEMP,PWM
            DEC      A
            CJNE     A,#01H,K2H2
            CLR      P1.0
            SJMP     KSCAN
K2H2：      DEC      PWMH
            SJMP     KSCAN
DE10MS：    MOV      R4,#02H
AA1：       MOV      R5,#0F8H
AA：        DJNZ     R5,AA
            DJNZ     R4,AA1
            RET
INTT0：     PUSH     PSW
            PUSH     ACC
            INC      COUNTER
            MOV      A,COUNTER
            CJNE     A,PWMH,INTT01
            CLR      P1.0
INTT01：    CJNE     A,PWM,INTT02
            MOV      COUNTER,#01H
            SETB     P1.0
INTT02：    POP      ACC
            POP      PSW
```

```
RETI
END
```

6. 实验报告

1）画出实验原理图。

2）写出实验程序。

3）拨动开关，观察并记录电动机的转动情况。

附录 51系列单片机指令集

助 记 符		指 令 说 明	字节数	周期数
MOV	A，Rn	寄存器传送到累加器	1	1
MOV	A，direct	直接地址传送到累加器	2	1
MOV	A，@Ri	累加器传送到外部RAM（8位地址）	1	1
MOV	A，#data	立即数传送到累加器	2	1
MOV	Rn，A	累加器传送到寄存器	1	1
MOV	Rn，direct	直接地址传送到寄存器	2	2
MOV	Rn，#data	累加器传送到直接地址	2	1
MOV	direct，Rn	寄存器传送到直接地址	2	1
MOV	direct，direct	直接地址传送到直接地址	3	2
MOV	direct，A	累加器传送到直接地址	2	1
MOV	direct，@Ri	间接RAM传送到直接地址	2	2
MOV	direct，#data	立即数传送到直接地址	3	2
MOV	@Ri，A	直接地址传送到直接地址	1	2
MOV	@Ri，direct	直接地址传送到间接RAM	2	1
MOV	@Ri，#data	立即数传送到间接RAM	2	2
MOV	DPTR，#data16	16位常数加载到数据指针	3	1
MOVC	A，@A+DPTR	代码字节传送到累加器	1	2
MOVC	A，@A+PC	代码字节传送到累加器	1	2
MOVX	A，@Ri	外部RAM（8位地址）传送到累加器	1	2
MOVX	A，@DPTR	外部RAM（16位地址）传送到累加器	1	2
MOVX	@Ri，A	累加器传送到外部RAM（8位地址）	1	2
MOVX	@DPTR，A	累加器传送到外部RAM（16位地址）	1	2
PUSH	direct	直接地址压入堆栈	2	2
POP	direct	直接地址弹出堆栈	2	2
XCH	A，Rn	寄存器和累加器交换	1	1
XCH	A，direct	直接地址和累加器交换	2	1
XCH	A，@Ri	间接RAM和累加器交换	1	1
XCHD	A，@Ri	间接RAM和累加器交换低4位字节	1	1

数据传递类指令

（续）

助 记 符		指 令 说 明	字节数	周期数
INC	A	累加器加 1	1	1
INC	Rn	寄存器加 1	1	1
INC	direct	直接地址加 1	2	1
INC	@ Ri	间接 RAM 加 1	1	1
INC	DPTR	数据指针加 1	1	2
DEC	A	累加器减 1	1	1
DEC	Rn	寄存器减 1	1	1
DEC	direct	直接地址减 1	2	2
DEC	@ Ri	间接 RAM 减 1	1	1
MUL	AB	累加器和 B 寄存器相乘	1	4
DIV	AB	累加器除以 B 寄存器	1	4
DA	A	累加器十进制调整	1	1
ADD	A, Rn	寄存器与累加器求和	1	1
ADD	A, direct	直接地址与累加器求和	2	1
ADD	A, @ Ri	间接 RAM 与累加器求和	1	1
ADD	A, #data	立即数与累加器求和	2	1
ADDC	A, Rn	寄存器与累加器求和（带进位）	1	1
ADDC	A, direct	直接地址与累加器求和（带进位）	2	1
ADDC	A, @ Ri	间接 RAM 与累加器求和（带进位）	1	1
ADDC	A, #data	立即数与累加器求和（带进位）	2	1
SUBB	A, Rn	累加器减去寄存器（带借位）	1	1
SUBB	A, direct	累加器减去直接地址（带借位）	2	1
SUBB	A, @ Ri	累加器减去间接 RAM（带借位）	1	1
SUBB	A, #data	累加器减去立即数（带借位）	2	1
ANL	A, Rn	寄存器"与"到累加器	1	1
ANL	A, direct	直接地址"与"到累加器	2	1
ANL	A, @ Ri	间接 RAM"与"到累加器	1	1
ANL	A, #data	立即数"与"到累加器	2	1
ANL	direct, A	累加器"与"到直接地址	2	1
ANL	direct, #data	立即数"与"到直接地址	3	2
ORL	A, Rn	寄存器"或"到累加器	1	2
ORL	A, direct	直接地址"或"到累加器	2	1
ORL	A, @ Ri	间接 RAM"或"到累加器	1	1
ORL	A, #data	立即数"或"到累加器	2	1
ORL	direct, A	累加器"或"到直接地址	2	1
ORL	direct, #data	立即数"或"到直接地址	3	1

算术运算类指令

逻辑运算类指令

（续）

助 记 符		指 令 说 明	字节数	周期数
XRL	A, Rn	寄存器"异或"到累加器	1	2
XRL	A, direct	直接地址"异或"到累加器	2	1
XRL	A, @Ri	间接 RAM"异或"到累加器	1	1
XRL	A, #data	立即数"异或"到累加器	2	1
XRL	direct, A	累加器"异或"到直接地址	2	1
XRL	direct, #data	立即数"异或"到直接地址	3	1
CLR	A	累加器清零	1	2
CPL	A	累加器求反	1	1
RL	A	累加器循环左移	1	1
RLC	A	带进位累加器循环左移	1	1
RR	A	累加器循环右移	1	1
RRC	A	带进位累加器循环右移	1	1
SWAP	A	累加器高、低 4 位交换	1	1
JMP	@A+DPTR	相对 DPTR 的无条件间接转移	1	2
JZ	rel	累加器为 0 则转移	2	2
JNZ	rel	累加器为 1 则转移	2	2
CJNE	A, direct, rel	比较直接地址和累加器，不相等转移	3	2
CJNE	A, #data, rel	比较立即数和累加器，不相等转移	3	2
CJNE	Rn, #data, rel	比较寄存器和立即数，不相等转移	2	2
CJNE	@Ri, #data, rel	比较立即数和间接 RAM，不相等转移	3	2
DJNZ	Rn, rel	寄存器减 1，不为 0 则转移	3	2
DJNZ	direct, rel	直接地址减 1，不为 0 则转移	3	2
NOP		空操作，用于短暂延时	1	1
ACALL	add11	绝对调用子程序	2	2
LCALL	add16	长调用子程序	3	2
RET		从子程序返回	1	2
RETI		从中断服务子程序返回	1	2
AJMP	add11	无条件绝对转移	2	2
LJMP	add16	无条件长转移	3	2
SJMP	rel	无条件相对转移	2	2
CLR	C	清进位位	1	1
CLR	bit	清直接寻址位	2	1
SETB	C	置位进位位	1	1
SETB	bit	置位直接寻址位	2	1
CPL	C	取反进位位	1	1
CPL	bit	取反直接寻址位	2	1

注：左侧纵向分类依次为"逻辑运算类指令""控制转移类指令""布尔指令"。

（续）

助　记　符		指　令　说　明	字节数	周期数
ANL	C, bit	直接寻址位"与"到进位位	2	2
ANL	C, /bit	直接寻址位的反码"与"到进位位	2	2
ORL	C, bit	直接寻址位"或"到进位位	2	2
ORL	C, /bit	直接寻址位的反码"或"到进位位	2	2
MOV	C, bit	直接寻址位传送到进位位	2	1
MOV	bit, C	进位位传送到直接寻址	2	2
JC	rel	如果进位位为 1 则转移	2	2
JNC	rel	如果进位位为 0 则转移	2	2
JB	bit, rel	如果直接寻址位为 1 则转移	3	2
JNB	bit, rel	如果直接寻址位为 0 则转移	3	2
JBC	bit, rel	直接寻址位为 1 则转移并清除该位	2	2

布尔指令

参 考 文 献

[1] 胡汉才. 单片机原理及其接口技术[M]. 北京：清华大学出版社，2004.

[2] 罗学恒. 单片机实用教程[M]. 北京：高等教育出版社，2006.

[3] 李全利. 单片机原理及应用技术[M]. 2版. 北京：高等教育出版社，2009.

[4] 万光毅，严义. 单片机实验与实践教程[M]. 北京：北京航空航天大学出版社，2003.

[5] 周立功. 单片机实验与实践[M]. 北京：北京航空航天大学出版社，2004.

[6] 国兵，刘静. 单片机原理与应用[M]. 天津：天津大学出版社，2008.

[7] 俞国亮. 51系列单片机原理与应用[M]. 北京：清华大学出版社，2008.

[8] 王为青，程国钢. 单片机Keil Cx51应用开发技术[M]. 北京：人民邮电出版社，2007.

[9] 李珍. 单片机原理与应用实例教程[M]. 西安：西安电子科技大学出版社，2008.

[10] 王贤勇，赵传申. 单片机原理与接口技术应用教程[M]. 北京：清华大学出版社，2010.

[11] 邹道胜. 单片机原理及接口技术实验指导[M]. 武汉：华中科技大学出版社，2009.

[12] 刘雨棣，傅骞. 单片机原理及接口技术[M]. 西安：西安电子科技大学出版社，2008.

[13] 梅丽凤，任国臣，蓝和惠. 单片机原理及接口技术习题详解与实验指导[M]. 北京：北方交通大学出版社，2007.

[14] 李朝青. 单片机原理及接口技术[M]. 北京：北京航空航天大学出版社，2001.